AF883150

OSKAR LANGE

Einführung in die ökonomische Kybernetik

OSKAR LANGE

Einführung in die ökonomische Kybernetik

AKADEMIE-VERLAG · BERLIN

1969

Zum Druck vorbereitet unter Mitarbeit von Dr. Antoni Banasiński
auf der Grundlage einer Vorlesungsreihe an der Universität Warschau

Ins Deutsche übersetzt von Karl König, Berlin
Wissenschaftlich bearbeitet von Prof. Dr. Georg Wintgen, Berlin

Polnischer Originaltitel

WSTĘP DO CYBERNETYKI EKONOMICZNEJ

Copyright by
Państwowe Wydawnictwo Naukowe
Warszawa 1965

Vertrieb nur in der Deutschen Demokratischen Republik gestattet
3. verbesserte Auflage

Erschienen im Akademie-Verlag GmbH, 108 Berlin, Leipziger Str. 3–4
Alle Rechte für die deutsche Ausgabe vorbehalten
Lizenznummer: 202 · 100/207/69
Gesamtherstellung: VEB Druckerei „Thomas Müntzer", 582 Bad Langensalza
Bestellnummer: 5650 · ES 20 K 2, 19 B 1, 5 B 2
9,– M

Inhalt

Vorwort

Die Anwendung der Kybernetik auf die Regulierung ökonomischer Prozesse, insbesondere der sozialistischen Wirtschaft, gewinnt ständig an Interesse. Im Studienjahr 1962/63 sah ich mich deshalb veranlaßt, an der Fakultät für Politische Ökonomie der Universität Warschau eine Vorlesungsreihe mit dem Titel „Einführung in die ökonomische Kybernetik" zu eröffnen. Wie üblich wurden auch diese Vorlesungen von Dr. Antoni Banasiński mitgeschrieben, der mir dann bei der Vorbereitung des Manuskripts zum Druck behilflich war, wofür ich ihm an dieser Stelle danken möchte.

Da nur eine begrenzte Anzahl von Vorlesungsstunden zur Verfügung stand, konnten nicht alle ursprünglich vorgesehenen Probleme aufgenommen werden. Ich habe deshalb nach der Überarbeitung des Manuskripts den ergänzenden Abschnitt „Allgemeine Darstellung der Regelungstheorie" angefügt. Somit erfaßt das Buch in seiner vorliegenden Form einen geschlossenen Problemkreis, nämlich die Anwendung der Grundlagen der Regelungstheorie auf ökonomische Prozesse.

Mit Rücksicht auf die Zuhörer mußten in den Vorlesungen die elementaren Grundlagen dieser Theorie behandelt werden, so daß das Buch als eine Einführung in die allgemeine Regelungstheorie betrachtet werden kann, und nicht nur für Ökonomen, sondern auch für alle diejenigen von Interesse sein wird, die an diesem wichtigen Gebiet der modernen Kybernetik Anteil nehmen. Da dieses Buch, wie bereits gesagt wurde, auf einer Vorlesungsreihe aufbaut, unterscheidet es sich von der Mehrzahl der zu diesem Thema erschienenen Publikationen dadurch, daß nicht so sehr konkrete Anwendungsbeispiele der Kybernetik aus der Technik angeführt werden als vielmehr allgemeine kybernetische Grundlagen und mathematische Formulierungen. Das gilt insbesondere für die Analyse der Stabilität von Systemen sowie auch für die allgemeine Systemtheorie auf der Grundlage einer einheitlichen Gleichung der Systemreaktion. Besondere Aufmerksamkeit wurde dem Problem der Zuverlässigkeit der Systemwirkungen gewidmet.

Die in diesem Buch angeführten ökonomischen Analysen bilden kein selbständiges Interessengebiet. Sie sind eher Beispiele, die uns zeigen, wie sinnvoll und nützlich sich die Grundlagen der allgemeinen Regelungstheorie auf die Untersuchung ökonomischer Prozesse anwenden lassen. Es sollte anschaulich vor Augen geführt werden, wie die Grundlagen der Regelungstheorie in einem Gebiet angewandt werden, in dem sie bis dahin noch nicht erprobt wurden. Diesem Ziel dienen auch die aus der Psychologie der Reize angeführten Beispiele. Wir wollten auf die breiten Anwendungsmöglichkeiten hinweisen, die der Kybernetik in den Gesellschaftswissenschaften offenstehen.

In dem vorliegenden Buch konnte nicht die Gesamtheit der Probleme erschöpfend dargelegt werden, die bei der Anwendung der Kybernetik auf die Analyse ökonomischer Prozesse auftauchen. Es wurde nur ein ganz bestimmter Teil herausgegriffen, und zwar der Teil, der die Theorie der Regelung von Systemen bildet. Ich hoffe dennoch, daß es mir gelungen ist, den Reichtum und die mannigfaltigen Anwendungsmöglichkeiten dieser Theorie zu zeigen und so den Leser zur Beschäftigung mit neuen Anwendungsbereichen der Kybernetik anzuregen, die für die Analyse ökonomischer Prozesse und für die Verbesserung der in der gelenkten Entwicklung der sozialistischen Volkswirtschaft verwendeten Methoden gewiß nicht minder bedeutsam sind.

Dieses Buch ist der erste Band einer Serie von Veröffentlichungen zu kybernetischen Problemen, die von der Polnischen Kybernetischen Gesellschaft und dem Staatlichen Verlag der Wissenschaften gemeinsam herausgegeben werden. Ich möchte deshalb an dieser Stelle der Polnischen Kybernetischen Gesellschaft und dem Staatlichen Verlag der Wissenschaften meinen Dank dafür aussprechen, daß das Buch in diese Serie aufgenommen wurde. Das wird zweifellos das Interesse für diese Arbeit bei einer Vielzahl von Lesern, die an kybernetischen Problemen interessiert sind, vergrößern.

Warschau, im Februar 1965 OSKAR LANGE

Einführung

Kybernetik und Ökonomie

Der Gegenstand dieses Buches ist die Analyse des Ablaufs ökonomischer Prozesse, und zwar unter Verwendung des modernen Apparates der Kybernetik, insbesondere ihres als *Theorie der selbsttätigen Steuerung und Regelung* bekannten Zweiges. Diese Theorie ist von weitreichender praktischer Bedeutung, da sich mit ihr die Funktionsweise von Systemen und von ökonomischen Prozessen gleichermaßen erforschen läßt. Sie gibt uns neue Aufschlüsse über die Lenkung dieser Prozesse und ermöglicht eine wirksame Planung und Leitung der Volkswirtschaft und ihrer einzelnen Glieder.

Einer der Helden Molières, Monsieur Jourdain[1]), erfährt zu seiner großen Überraschung von seinem Lehrer, daß er sein ganzes Leben Prosa geredet habe. In einer ähnlichen Situation befindet sich die Ökonomie in bezug auf die Kybernetik. Die Ökonomen haben sich seit den Anfängen der Politischen Ökonomie immerzu mit Fragen beschäftigt, die heute zu den kybernetischen Problemen gerechnet werden. Es ging nämlich immer um die Steuerung und Regelung von Systemen, die aus einer Vielzahl miteinander verketteter Elemente bestehen, und das lange bevor diese Probleme in anderen Forschungszweigen auftauchten — etwa in der Technik und der Biologie — und bevor sie in einer neuen Wissenschaft, der Kybernetik, eine grundlegende theoretische Formulierung erhielten.

Die Politische Ökonomie, insbesondere die bürgerliche Ökonomie, betrachtete die kapitalistische Wirtschaft als ein sich automatisch regulierendes oder, wie wir heute sagen, als ein selbstregelndes System. Aus dieser Betrachtungsweise resultierte die politisch-ökonomische Schlußfolgerung des laissez faire, die dem Staat das Recht absprach, in den Verlauf ökonomischer Prozesse einzugreifen, da so die Selbstregulierung dieser Systeme verletzt und das sich selbsttätig einstellende Gleichgewicht der Wirtschaft gestört würde.

[1]) Molière, Der Bürger als Edelmann.

Die Theorie der harmonischen Selbstregulierung der kapitalistischen Wirtschaft wurde von den Sozialisten, besonders von Marx und Engels, der Kritik unterzogen. Der wissenschaftliche Sozialismus wies nach, daß der Mechanismus der automatischen Regulierung der kapitalistischen Wirtschaft lediglich ein Glied eines dialektischen Entwicklungsprozesses darstellt, der zur Verschärfung der inneren Widersprüche der kapitalistischen Wirtschaft, letztlich also zur Entstehung der sozialistischen Planwirtschaft führt. Später wandten sich in immer stärkerem Maße auch bürgerliche Ökonomen, in letzter Zeit insbesondere J. M. Keynes, von der Theorie der harmonischen Selbstregulierung der kapitalistischen Wirtschaft ab. Selbst wenn eine Selbstregulierung vorhanden ist, so muß sie, wie nun behauptet wird, durchaus nicht zu gesellschaftlich erwünschten Resultaten führen: das Ergebnis können vielmehr anhaltende Arbeitslosigkeit, Vergeudung von Vorräten und andere Übel sein. Aus diesem Grunde wird der Eingriff seitens des Staates, der dem Verlauf der ökonomischen Prozesse die gewünschte Richtung geben kann, unerläßlich.

Der wissenschaftliche Sozialismus hat als erster das Prinzip der bewußten Leitung der gesellschaftlichen Prozesse aufgestellt, und zwar als seine historische Grundaufgabe. Die Planung der sozialistischen Volkswirtschaft ist das Mittel dieser bewußten Leitung. Für ihre wirksame Realisierung muß man jedoch die wissenschaftlichen Grundlagen des Funktionierens der sozialistischen Volkswirtschaft und der Regulierung ihrer Prozesse genauestens kennen.

Begriffe wie Regelung, Steuerung, Stabilität u. a., die heute zum Grundvokabular der Kybernetik gehören, und die ihnen entsprechenden Bereiche der Wirklichkeit sind viel früher in der wirtschaftswissenschaftlichen Literatur aufgetaucht als zu der Zeit, wo sie Gegenstand kybernetischer Untersuchungen wurden.

Die Kybernetik ist eine junge Wissenschaft. Sie wurde im Jahre 1948 ins Leben gerufen, als in Frankreich und in den USA das Buch des berühmten Mathematikers Norbert Wiener „Cybernetics or Control and Communication in the Animal and the Machine“[2]) erschien.

Die Kybernetik als Wissenschaft hat jedoch einen Vorläufer, nämlich die *Theorie der Servomechanismen*. Als Servomechanismus wird in der Technik eine Vorrichtung bezeichnet, die zur Steuerung bestimmter technischer Vorgänge dient. Gesteuert werden dabei Einzelmaschinen,

[2]) Norbert Wiener, Cybernetics or Control and Communication in the Animal and the Machine, Paris, New York, Cambridge/Mass. 1948.

Maschinensätze, elektrische Vorrichtungen usw. Diese Bezeichnung gilt also für Mechanismen, die anstelle des Menschen einen bestimmten technischen Prozeß bzw. eine Maschine „bedienen" (Servomechanismus heißt eigentlich „Bedienungsmechanismus"[3])). Ihre ständig zunehmende Verwendung in der Technik machte eine mathematische Analyse ihres Funktionierens erforderlich, und eben diese Analyse wird als Theorie der Servomechanismen bzw. heute immer häufiger als *Theorie der selbsttätigen Regelung* bezeichnet.

Die Regelungstheorie bildet heute ein weites Gebiet der angewandten Mathematik mit einer umfangreichen eigenen Literatur[4]). Die Kybernetik verdankt ihre Existenz der Entdeckung, daß die Theorie der Servomechanismen, begriffen als mathematische Disziplin, ein bedeutend weiteres Anwendungsgebiet hat als lediglich die technischen Regelungsprozesse in der Industrie. Ihr diffizilstes Anwendungsgebiet ist der Bau elektronischer Rechenmaschinen. Bereits Norbert Wiener, der Begründer der Kybernetik, hat auf die Existenz tiefgreifender Analogien in der Wirkungsweise von Servomechanismen und elektronischen Rechenmaschinen einerseits und dem Funktionieren lebender Organismen andererseits hingewiesen. Besonders deutlich tritt diese Analogie in der Arbeitsweise elektronischer Rechenmaschinen und dem Funktionieren des zentralen Nervensystems der Lebewesen zutage. Deshalb wird die elektronische Rechenmaschine häufig auch als „Elektronengehirn" bezeichnet.[5])

Lebende Organismen zeichnen sich durch die Fähigkeit der Selbstregelung aus. Vögel und Säugetiere regeln zum Beispiel ihre Körper-

[3]) Zur Rolle der Servomechanismen im gesellschaftlichen Produktionsprozeß s. Oskar Lange, Społeczny proces produkcji i reprodukcji, in „Ekonomista" 1/1962, S. 14–17.

[4]) In polnischer Sprache sind unter anderem folgende Bücher zur Theorie der Selbstregelung erschienen:

a) ein Sammelband tschechischer Autoren: Teoria regulacji automatycznej, PWNT, Warszawa 1962; außerdem folgende allgemeiner gehaltenen Werke:

b) Stefan Węgrzyn, Podstawy automatyki, PWN Warszawa 1963.

c) Guido Wünsch, Podstawy automatyki, PWT Warszawa 1960.

[5]) vgl. dazu John von Neumann, The Computer and the Brain, New Haven 1958 und den populärwissenschaftlichen Beitrag von W. Sluckin, Mózg i maszyny, Übers. aus dem Englischen, Wiedza Powszechna, Warszawa 1957.

temperatur automatisch, so daß sie unabhängig von der Außentemperatur ständig auf einer bestimmten Höhe gehalten wird. So gibt es einen Regelungsmechanismus, der dafür sorgt, daß die Körpertemperatur des Menschen konstant bei etwa 37° Celsius bleibt. In ähnlicher Weise werden auch der Blutdruck und andere Parameter des menschlichen Körpers auf einem bestimmten Niveau gehalten. In der Biologie werden diese Erscheinungen als *Homöostasis* bezeichnet.

Versagt die Selbstregelung, hört also der Zustand der Homöostasis auf, so entstehen Krankheiten, die nur beseitigt werden können, wenn die ordnungsgemäße Wirkungsweise wiederhergestellt wird.

Lebende Organismen besitzen außerdem die Fähigkeit, ihre Entwicklung nach einem vorher festgelegten Programm zu steuern, und zwar in höchsten Grade unabhängig von den äußeren Bedingungen. In der Biologie ist das Experiment von Driesch gut bekannt. Driesch teilte ein befruchtetes Seeigelei, und es zeigte sich, daß jede Hälfte des befruchteten Eis gewissermaßen nach dem gleichen Programm einen vollständigen Seeigel hervorbrachte.[6])

Wiener wies darauf hin, daß die Selbstregelung in lebenden Organismen die gleichen Grundlagen hat wie der Wirkungsmechanismus technischer Regeleinrichtungen.[7]) Beide Fälle der Selbstregelung lassen sich durch ein gemeinsames Schema und durch eine gemeinsame mathematische Theorie darstellen. Wiener ging noch weiter und lenkte die Aufmerksamkeit auf die Tatsache, daß sich auch die Regelung und Steuerung gesellschaftlicher und ökonomischer Prozesse ähnlich interpretieren lassen.

Ohne ein voreiliges Urteil darüber abzugeben, in welchem Maße und Umfang die kapitalistische Wirtschaft ein selbstregelndes System ist und welche Schlußfolgerungen daraus zu ziehen sind, und ohne genau zu umreißen, welche Grundlagen die sozialistische Wirtschaft steuern und regeln, läßt sich behaupten, daß die gleichen theoretischen Schemata, die für die automatische Steuerung und Regelung in der Technik gelten, auch auf lebende Organismen und in gewissen Situationen auch

[6]) Driesch wies nach, daß zur Ausbildung eines vollständigen Seeigels ein Viertel des Embryos in seinem Frühstadium ausreicht. Man hat versucht, aus dieser Tatsache philosophische Schlüsse zu ziehen, mit denen man die Thesen des Neovitalismus bestätigen wollte. Vgl. dazu Oskar Lange, Ganzheit und Entwicklung in kybernetischer Sicht, Akademie-Verlag Berlin 1966, Kapitel IX.

[7]) N. Wiener, op. cit., Kapitel IV und V.

auf gesellschaftlich-ökonomische Prozesse angewandt werden können. Somit ist die Kybernetik die grundlegende Wissenschaft von der Steuerung und Regelung von Systemen[8]), die sich aus verschiedenen, aber auf ganz bestimmte Weise miteinander verketteten Elementen zusammensetzen.

Die Systeme, mit denen wir es in der Kybernetik zu tun haben, sind also Mengen von Elementen, die durch Ursache–Folge-Wirkungen miteinander verbunden sind. Eine solche Verbindung von Elementen eines Systems heißt *Kopplung*. Deshalb kann die Kybernetik als Wissenschaft definiert werden, die das Funktionieren von Systemen gekoppelter Wirkungen untersucht.[9]) Jeder Mechanismus im engeren Sinne dieses Wortes ist letztlich ein System gekoppelter Elemente, in dem Ursache–Folge-Wirkungen nach den Grundlagen der Mechanik bzw. der Elektrotechnik ablaufen. Das Wirken eines Elementes ist die Ursache für das Wirken eines anderen mit ihm gekoppelten Elementes, das seinerseits wiederum weitere mit ihm direkt oder indirekt gekoppelte Elemente beeinflußt. Ähnlich ist die Situation in Systemen gekoppelter Elemente, mit denen wir es in chemischen, biologischen und schließlich auch sozial-ökonomischen Prozessen zu tun haben. Gerade aber diese Tatsachen machten es möglich, eine grundlegende Wissenschaft vom Funktionieren der Systeme gekoppelter Elemente zu begründen, nämlich die Kybernetik. Dabei wird die Kybernetik gewöhnlich als Wissenschaft von der „Steuerung" bzw. „Regelung" von Systemen gekoppelter Wirkungen definiert.[10]) Einige Autoren bezeichnen die Kybernetik auch als Wissenschaft von den „Maschinen" bzw. „Mechanismen" im allgemeinsten Sinne dieses Wortes,[11]) wobei sie unter Maschine bzw. Mechanismus eben ein System gekoppelter und

[8]) Diese beiden Begriffe werden im weiteren Verlauf unserer Darlegungen ausführlich besprochen, außerdem das Verhältnis, das zwischen Steuerung und Regelung besteht.

[9]) s. Oskar Lange, Społeczny proces produkcji i reprodukcji, in „Ekonomista" 1/1962, S. 13–14, und ders. Ganzheit und Entwicklung in kybernetischer Sicht, Akademie-Verlag Berlin 1966, S. 11–12.

[10]) Das Wort Kybernetik hängt etymologisch mit der Bedeutung Steuerung zusammen. Es ist abgeleitet von dem griechischen Wort „kybernetike", die „Steuermannskunst". Mit dem gleichen Wort ist übrigens auch das lateinische Wort „gubernator" (Steuerer) verwandt. In diesem Zusammenhang ist interessant, daß im Englischen der Regler der Dampfmaschine als „governor", also als „Steuerer" bezeichnet wird.

[11]) s. W. Ross Ashby, An Introduction to Cybernetics, London 1956, S. 15.

aufeinander einwirkender Elemente, also ein System gekoppelter Wirkungen verstehen.

Die Anwendung der Kybernetik auf die Ökonomie hat sowohl erkenntnistheoretischen als auch praktisch wirtschaftlichen Wert. Der erkenntnistheoretische Wert ist darin zu sehen, daß die Kybernetik die zwischen den ökonomischen Elementen bestehenden Beziehungen und somit das Funktionieren der ökonomischen Systeme von einem neuen Standpunkt aus beleuchtet, um auf diese Weise ganze gesellschaftsökonomische Formationen mit ihren Kategorien wie Marktmechanismus, Geldumlauf, Außenhandelsumsatz usw. in ein neues Licht zu rücken. Das alles sind Probleme, mit denen sich die Ökonomie seit eh und je beschäftigt hat, für die aber keine spezielle Wissenschaft bereitstand, um mit einem entsprechenden wissenschaftlichen Apparat den Forschungen die erforderliche letzte Exaktheit zu geben bzw. die Möglichkeit, die betreffenden Probleme exakt zu formulieren und zu lösen.

Für die sozialistische Wirtschaft hat die Kybernetik besondere Bedeutung. Im sozialistischen sozial-ökonomischen System haben wir es — wie übrigens in jeder anderen Wirtschaft — mit ineinander verketteten Wirkungen einer großen Anzahl von Elementen zu tun, die in letzter Instanz einzelne Personen sind. In einer sozialistischen Wirtschaft lassen sich diese Elemente jedoch isolieren, gruppieren und zu entsprechend gekoppelten Systemen vereinen. Der Sozialismus betrachtet es als seine Grundaufgabe, den Verlauf der sozial-ökonomischen Prozesse, die sich in der kapitalistischen Wirtschaft spontan entwickeln, bewußt zu lenken. Daraus eben wird klar, daß die allgemeine Theorie des Funktionierens und der Lenkung von Systemen gekoppelter Wirkungen im Sozialismus eine derart weitreichende Bedeutung hat. Insbesondere für die Planung und Leitung der Volkswirtschaft wird die Kybernetik zu einer sehr wichtigen Hilfswissenschaft. Darauf hat bereits Norbert Wiener hingewiesen[12]). Mit diesem Problemkreis beschäftigt man sich seit mehreren Jahren sehr ausführlich, und zwar sowohl in den kapitalistischen als auch in den sozialistischen Ländern; hier insbesondere in der Sowjetunion[13]). Es hat sich immer mehr die Überzeugung durchgesetzt, daß die Kybernetik in der Lenkung der Gesamtwirtschaft und ihrer einzelnen Glieder eine wichtige Rolle spielt.

[12]) s. N. Wiener, op. cit., S. 155ff.

[13]) s. speziell die Sammelbände unter der Redaktion von A. J. Berg, Kibernetika na službu kommunismu, Bd. I, Moskau-Leningrad 1961, Bd. II 1964.

Vorläufig liegt noch keine allzu umfangreiche Literatur zu diesem Gegenstand vor. Es ist zwar gewissermaßen zur Mode geworden, über kybernetische Probleme allgemein zu sprechen und dabei auch ihre Anwendungsmöglichkeiten in der Ökonomie herauszustreichen, Arbeiten aber, die die Anwendung der Kybernetik auf spezielle ökonomische Probleme im einzelnen darstellen, gibt es nur sehr wenige. Das ist übrigens bei jeder neuen Wissenschaft der Fall. An Büchern lassen sich zu dieser Thematik nur zwei Titel anführen[14]). Der Autor des einen Buches, Tustin, ist Professor der Elektrotechnik und hat als erster den Versuch unternommen, die Theorie der elektrischen Netze auf Untersuchungen ökonomischer Systeme anzuwenden, insbesondere auf ihre Steuerung und Regelung. Außerdem erschien in den letzten zehn Jahren eine ganze Reihe Artikel, die die Anwendung der Kybernetik auf die ökonomische Theorie behandeln[15]). Aufmerksamkeit verdient auch der 1957 erschienene Sammelband „Volkswirtschaftliche Regelungsvorgänge im Vergleich zu Regelungsvorgängen der Technik"[16]). Damit ist die Literatur zu dieser Thematik bereits erschöpft.

Wir haben die Kybernetik als allgemeine Wissenschaft von der Steuerung und Regelung von Systemen gekoppelter Wirkungen definiert. Sie untersucht die allgemeinen Gesetzmäßigkeiten und Prinzipien, die solchen Systemen insgesamt zugrunde liegen, ohne dabei ihren spezifischen materiellen Charakter ins Auge zu fassen. Die Feststellung, daß es für das Funktionieren technischer, biologischer, öko-

[14]) R. G. Allen, Mathematical Economics, London 1960, Kapitel 9, Arnold Tustin, The Mechanism of Economic Systems, London 1953, 2. Auflage 1957.

[15]) Besondere Aufmerksamkeit verdienen folgende Arbeiten von A. W. Phillips: Stabilization Policy in a Closed Economy, in „Economic Journal", London 1954, Stabilization Policy and the Time Forms of Lagged Responses, ebenda 1957, La Cybernétique et le contrôle des systèmes économiques, in „Cahiers de l'Institut des Sciences Economiques Appliquées", série N, No 2, Paris 1958. Außerdem sind noch folgende Arbeiten zu nennen: G. A. Simon, An Application of Servomechanism Theory to Production Control, in „Econometrica" 1952; Stafford Beer, Cybernetics and Management, London 1959 und J. Steindl, Servo-Mechanisms and Controllers in Economic Theory and Policy in dem Sammelband On Political Economy and Econometrics, Essays in Honour of Oskar Lange, PWN Warszawa 1964.

[16]) Volkswirtschaftliche Regelungsvorgänge im Vergleich zu Regelungsvorgängen der Technik, München 1957.

nomischer und anderer Systeme eine gemeinsame Grundlage gibt, ist die wichtigste Entdeckung der Kybernetik. Einzelne Prinzipien des Funktionierens von Mechanismen und Systemen gekoppelter Wirkungen waren schon früher bekannt, nur gab es keine verallgemeinernde Zusammenfassung und keine Feststellung gemeinsamer Gesetzmäßigkeiten.

A. Smith, der von der „unsichtbaren Hand“ sprach, die angeblich die ökonomischen Prozesse harmonisch leite und koordiniere und sie in einen Zustand des Gleichgewichtes versetze, hat sich genauso wie K. Marx, der den Wert als Regulator der Warenproduktion, speziell der kapitalistischen Produktion analysierte, eigentlich mit Problemen der Regelung ökonomischer Systeme, letztlich also mit der Kybernetik befaßt.

Die Entdeckung von Analogien und gemeinsamen Prinzipien durch die Kybernetik, Dingen also, die allen Systemen gekoppelter Wirkungen gemeinsam sind, hat weitreichende theoretische und praktische Konsequenzen.

Ihre theoretische Bedeutung ist vor allem darin zu sehen, daß die Existenz struktureller *Analogien*, oder mathematisch ausgedrückt *Isomorphien* in Prozessen nachgewiesen werden konnte, die ganz verschiedenen Sachgebieten angehören: der Technik, der Biologie, der Ökonomie u. a.

Es sei hier an die sogenannte „organische Schule“ der Soziologie erinnert, die allenthalben Analogien zwischen biologischen Organismen und menschlichen Gemeinschaften entdeckte. Das waren jedoch recht primitive und auf rein äußeren Ähnlichkeiten beruhende Vergleiche, wie etwa des menschlichen Nervensystems mit einem Telefonnetz, des Gefäßsystems mit einem Kommunikationssystem oder des Gehirns mit einer Leitungszentrale. Analogien dieser Art waren ausgesprochen oberflächlich und unwissenschaftlich. Die Kybernetik entdeckte tiefere Analogien ganz anderer Beschaffenheit, indem sie von strukturellen Ähnlichkeiten in der Wirkungsweise von Systemen gekoppelter Elemente ausging. Dies war eine überaus bedeutsame wissenschaftliche Errungenschaft, die sowohl für die Philosophie als auch für die allgemeine Wissenschaftsmethodologie von größter Tragweite ist.

Worin besteht aber die praktische Bedeutung der von der Kybernetik gemachten Entdeckung? Es erweist sich, daß sich auf der Grundlage der festgestellten Ähnlichkeiten in einem ganz bestimmten Sachgebiet Prozesse aufbauen lassen, die Prozessen analog sind, die konkret in einem ganz anderen Gebiet ablaufen. So lassen sich beispielsweise

Mechanismen konstruieren, die analog zu gewissen sozial-ökonomischen Prozessen wirken.[17]) Solche Vorrichtungen tragen die Bezeichnung *Analogiemaschinen* oder *modellierende Maschinen* (bzw. Mechanismen).

So läßt sich zum Beispiel für die Lösung eines bestimmten Problems der erweiterten Reproduktion anhand eines hydraulischen Mechanismus der Verlauf der zwischenzweiglichen Güterströme in der Volkswirtschaft darstellen[18]). Die Produktenvorräte werden zum Beispiel als Flüssigkeitsmengen in bestimmten Sammelbecken dargestellt, und der Abfluß der Flüssigkeit aus diesen Reservoirs bedeutet den Verbrauch der entsprechenden Vorräte. Anstelle eines hydraulischen Mechanismus läßt sich auch ein elektrisches Netz verwenden, in dem der Strom die Bewegung der Flüssigkeit vertritt. Gemessen wird dann die Spannung (bzw. die Stromstärke) in den einzelnen Knotenpunkten des Netzes[19]). Ähnlich läßt sich eine bestimmte Art physikalischer Erscheinungen (zum Beispiel aus der Hydromechanik) durch Erscheinungen aus anderen Bereichen der Physik (zum Beispiel der Elektrizitätslehre) darstellen (modellieren). Wie eben gesagt wurde, kann der hydraulische Mechanismus durch ein elektrisches Netz ersetzt werden, und beide sind Modelle eines ökonomischen Prozesses.

Modellierende Vorrichtungen gestatten es, die widergespiegelten Prozesse zahlenmäßig zu erfassen, und zwar durch Messen derjenigen Größen, die in der betreffenden modellierenden Vorrichtung umgewandelt werden. So stellt zum Beispiel die Flüssigkeitsmenge in einem der Reservoirs des oben erwähnten hydraulischen Mechanismus den Stand der Vorräte eines bestimmten Produktes zu einem bestimmten

[17]) s. A. Tustin, op. cit., Abschn. VI und VII sowie folgende Arbeiten: N. F. Moorhouse, R. H. Strolz, S. J. Horwitz, An Electro-Analogue Method for Investigating Problems in Economic Dynamics, in „Econometrica", 1950; O. J. M. Smith, H. F. Erdley, An Electronic Analogue for an Economic System, in „Electrical Engeneering", 1952. Weitere Literatur findet sich in dem Buch von Tustin, Artikel vorwiegend in der Zeitschrift Econometrica.

[18]) Vgl. Anlage 1 in dem Buch von Oskar Lange, Teoria reprodukcji i akumulacji, PWN Warszawa 1961.

[19]) Ein solcher elektrischer Apparat wurde nach einem Entwurf, der in dem erwähnten Buch Langes angeführt ist, vom Lehrstuhl für Automatik an der Akademie für Berg- und Hüttenwesen in Kraków gebaut, und zwar unter Leitung von Prof. Henryk Górecki und unter Mitarbeit von Prof. Bolesław Klapkowski, Inhaber des Lehrstuhls für Politische Ökonomie an der gleichen Lehranstalt. Dieser Apparat befindet sich gegenwärtig an der Fakultät für Politische Ökonomie der Universität Warschau.

Zeitpunkt dar. Die zu Meßzwecken verwendeten modellierenden Apparate heißen mathematische Analogiemaschinen.

Somit hat die Entdeckung gemeinsamer Grundlagen im Funktionieren von Systemen gekoppelter Wirkungen — wobei diese Systeme ganz unterschiedlichen Sachgebieten angehören können — zur Konstruktion verschiedenartiger Analogiemaschinen mit unterschiedlichsten Verwendungszwecken geführt. Solche mathematischen Modellierungsmaschinen finden gegenwärtig eine immer breitere Anwendung in der Technik, in der Wirtschaft und in der Leitung der Industrie. Die praktische Nutzbarmachung der gemeinsamen Grundlagen im Funktionieren von Systemen gekoppelter Wirkungen heißt *Simulierung*. Es ist dies eine Methode, die speziell auf dem Gebiet der industriellen Leitung, zum Beispiel in großen Konzernen ständig an Bedeutung gewinnt. Die Simulierung versetzt uns auch in die Lage, mit Hilfe verschiedenartiger Mechanismen komplizierte Prozesse darzustellen, die in lebenden Organismen ablaufen.

Die Kybernetik hat außerdem dazu beigetragen, elektronische Ziffernrechenmaschinen zu konstruieren, die eine große Menge Daten verarbeiten und gewisse logische Operationen ausführen können. Die elektronischen Ziffernrechenmaschinen unterscheiden sich jedoch in den Grundlagen ihrer Arbeitsweise wesentlich von den Analogrechnern. Die Ziffernrechenmaschinen beruhen nicht auf der unmittelbaren strukturellen Analogie der von ihnen zu simulierenden Prozesse, sondern auf den Gesetzen der Logik und Arithmetik. Sie simulieren (modellieren) den Ablauf bestimmter physikalischer, biologischer oder auch gesellschaftlich-ökonomischer Prozesse nicht direkt, sondern auf dem Umweg über logische und arithmetische Vorgänge. Da jedoch die Gesetze der Logik und Arithmetik in gewissem Grade das Funktionieren des menschlichen Gehirns simulieren, existiert eine mittelbare Analogie zwischen dem Wirken der Ziffernrechenmaschinen und dem Gehirn. Diese Analogie ist jedoch bisher nur wenig erforscht, da wir die Wirkungsweise des zentralen menschlichen Nervensystems in seinen Einzelheiten nur höchst ungenau kennen[20]).

[20]) Vgl. hierzu J. von Neumann, op. cit., Die Anwendung der Regeln von Logik und Arithmetik in Ziffernrechenmaschinen beruht auf den sogenannten Algorithmen, das heißt auf Vorschriften, die den Ablauf einer endlichen Anzahl von Operationen festlegen, die zur Auffindung des Ergebnisses führen. Im Zusammenhang damit ist ein neuer Zweig der Mathematik, die Theorie der Algorithmen entstanden. Ihre Grundlagen werden behandelt in W. M. Gluškov, Vvedenie v kibernetiku, Kiew 1964.

KAPITEL I

Die allgemeinen Grundlagen der Steuerung und Regelung

1. Die automatische Regelung in der Technik

Bevor wir die Grundlagen der automatischen Regelung und ihre Wirkungsweise schematisch erläutern, führen wir einige Beispiele aus der Technik vor. Da die Regelungsprozesse in jedem Gebiet, in dem Systeme gekoppelter Wirkungen funktionieren, nach dem gleichen Schema ablaufen, gestattet uns die Analyse der Regelung in der Technik, analog dazu die allgemeine Regelungstheorie zu entwickeln und sie dann in entsprechende Modelle und mathematische Formeln zu fassen. Eine der einfachsten technischen Regulierungsvorrichtungen ist der sogenannte *automatische Thermostat*. Diese Vorrichtung, die in Abb. 1 und 2 schematisch dargestellt ist, dient dazu, in einem beheizten

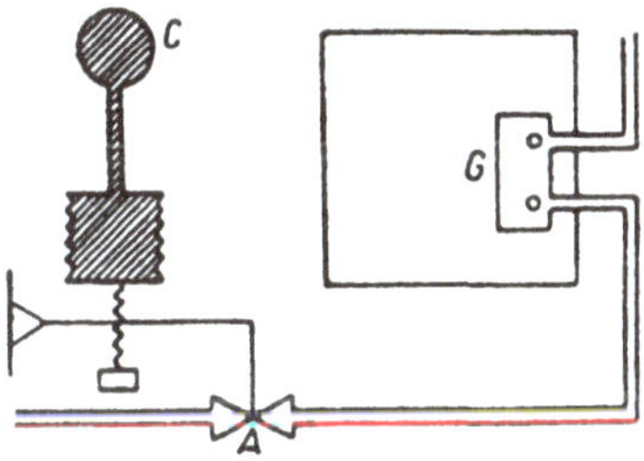

Abb. 1

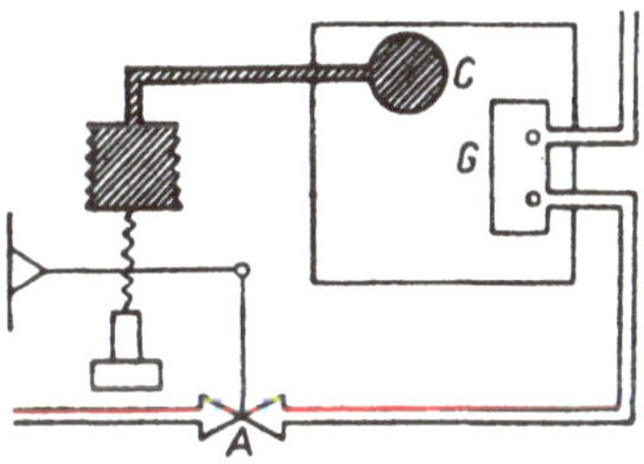

Abb. 2

Raum eine bestimmte Innentemperatur zu halten. Ganz allgemein läßt sich zu diesem Fall folgendes sagen: Ist die Außentemperatur bekannt, so läßt sich berechnen, wie hoch die Innentemperatur ist, wenn eine bestimmte Dampfmenge durch das Regelventil A der Heizanlage G zugeführt wird. Und umgekehrt, kennen wir die Außentemperatur, so läßt sich bestimmen, wie groß die Dampfzufuhr sein muß, um die gewünschte Innentemperatur aufrechtzuerhalten. Sowohl die Innentemperatur als auch die Dampfzufuhr lassen sich messen, das heißt in Zahlen ausdrücken.

Verändert sich die Außentemperatur, fällt sie zum Beispiel ab, so fällt bei unveränderter Dampfzufuhr gleichfalls die Innentemperatur. Um die Innentemperatur auf dem festgelegten und vorgegebenen Niveau (dem Sollwert) zu halten, muß die Dampfzufuhr zur Heizanlage vergrößert werden. Das läßt sich auf unterschiedliche Weise bewerkstelligen. Das einfachste, allerdings auch primitivste Verfahren besteht darin, das Regelventil A, das sich innerhalb oder auch außerhalb des zu beheizenden Raumes befinden kann, von einem Arbeiter bedienen zu lassen, der die Innen- bzw. Außentemperatur laufend von einem Thermometer abliest und das Ventil dementsprechend auf bzw. zudreht, das heißt, die Dampfzufuhr vergrößert bzw. verringert. Der Arbeiter, der die Innentemperatur reguliert, kann dabei entweder eine Tabelle zur Hand nehmen, die genau angibt, wie für die Aufrechterhaltung der erwünschten Zimmertemperatur die Dampfmenge von der Außentemperatur abhängt, oder er geht einfach nach dem Versuch-und-Irrtum-Verfahren vor. Im zweiten Falle braucht er keine Tabelle, sondern er reguliert einfach durch ständiges Auf- bzw. Zudrehen des Regelventils und Ablesen der Innentemperaturwerte von einem Thermometer.

Die Analyse dieses Beispiels der Raumtemperaturregelung führt uns zu folgenden Schlüssen:

1. Die Temperatur kann reguliert werden, *indem die Abweichungen der Isttemperatur vom Sollwert (der Norm) ausgeglichen werden.* Das ist das sogenannte *Prinzip des Abweichungsausgleichs* oder *der Regelung.* Vorrichtungen, die nach diesem Prinzip arbeiten, heißen *Regler.*

2. Die Temperatur kann durch *Kompensierung der Störungen* oder durch *Steuerung* reguliert werden. In unserem Falle würde das bedeuten, die Abweichungen der Innentemperatur vom Sollwert auf der Grundlage der in der Außentemperatur festgestellten Schwankungen auszugleichen. Vorrichtungen, die Störungen kompensieren, heißen *Steuereinrichtungen.*

3. Die Temperatur kann durch *Eliminierung der Störungen* reguliert werden. Im Falle einer Raumtemperaturregulierung bedeutet das, die Beheizung so zu organisieren, daß Veränderungen der Außentemperatur die Innentemperatur nicht beeinflussen.

Anscheinend ist das leichteste und einfachste Regulierungsverfahren die Eliminierung der Störungen. Tatsächlich werden dementsprechende Vorrichtungen auch verhältnismäßig häufig angewandt. Sie sind unter den verschiedensten Bezeichnungen bekannt: *Stoßdämpfer, Puffer, Abschirmungen, Isolatoren* usw. Vorrichtungen dieser Art existieren auch in lebenden Organismen. So ist allgemein bekannt, daß der Panzer der Schildkröte Außeneinflüsse fernhält und auf diese Weise Störungen eliminiert, die sonst im Organismus der Schildkröte zu unerwünschten Folgen führen könnten.

Solche eliminierenden Vorrichtungen lassen sich jedoch nicht in allen Fällen anwenden, so daß man auf die der ersten bzw. der zweiten Gruppe zurückgreifen muß. Dabei scheint die Steuerung, also die Kompensierung der Störungen, auf den ersten Blick wiederum einfacher zu sein als die Regelung, der Ausgleich der Abweichungen vom Sollwert. Allerdings muß man bei der Regulierung der Raumtemperatur, wie wir gesehen haben, im ersten Fall genau wissen, welcher Zusammenhang zwischen Außentemperatur, Dampfzufuhr und Innentemperatur besteht. Es ist das Charakteristikum der Steuerung, daß eine große Menge von Fakten bekannt sein muß (gewisse funktionelle Abhängigkeiten), insbesondere wenn die Störquelle groß und die Störungen selbst heterogen sind. Die Regelung erfordert im allgemeinen nicht so viel Information, da man hier nach dem Versuch-und-Irrtum-Verfahren vorgehen kann. Das ist der eigentliche Grund dafür, daß in der Technik überwiegend die Regelung angewandt wird, und zwar speziell dann, wenn die Störungen unvorhergesehen und mit großer Häufigkeit auftreten oder wenn der funktionelle Zusammenhang zwischen der Intensität der Störungen und ihrem Effekt nicht bekannt ist. Aus diesem Grunde gilt heute in der Technik die Regelung als das klassische Regulierungsverfahren. Es wurde allerdings automatisiert, das heißt, anstelle des regelnden Menschen trat eine automatisch wirkende Vorrichtung, was jedoch keinen Einfluß auf das Wesen des Regelungsprozesses selbst hat.

Abb. 1 zeigt uns das Schema der automatischen Temperatursteuerung nach dem Prinzip der Störungskompensation und die Abb. 2 die automatische Temperaturregelung nach dem Prinzip des Abweichungsausgleichs. In beiden Fällen besteht die Regulierungsvorrichtung aus dem Meßwertgeber *C* (Rezeptor), einem mit Gas gefüllten Behältnis, das mit dem Ventil *A* durch entsprechende Hebel verbunden ist. Wenn sich die Temperatur im Rezeptor erhöht, dehnt sich das im Behältnis befindliche Gas aus und übt einen Druck aus, der einen entsprechenden Kupplungsmechanismus in Gang setzt — Hebel und Ventile — über den die Dampfzufuhr vermindert wird. Fällt die Temperatur im Rezeptor ab, so wird auf ähnliche Weise die Dampfzufuhr zu den Heizaggregaten erhöht. Bei der automatischen Steuerung befindet sich der Anzeigemechanismus außerhalb des zu beheizenden Raumes.

Analog ist die automatische Regelung aufgebaut (Abb. 2). Hier ist jedoch zu beachten, daß der Anzeigemechanismus innerhalb des zu beheizenden Raumes angebracht ist. Die Temperaturschwankungen im Raum führen hier sogleich zu einer entsprechenden Änderung des Dampfzuflusses.

Die Regelung enthält eine sogenannte *Rückkopplung*, die dadurch charakterisiert wird, daß in diesem System die Kette der gekoppelten Elemente geschlossen ist. Wir sprechen dann auch von einem *geschlossenen Wirkungskreis* (closed loop control). Bei der Steuerung gibt es keine Rückkopplung, die Kopplungskette ist also offen. Hier sprechen wir von einer *offenen Wirkungskette* (open loop control).

Bei dieser Gelegenheit muß darauf hingewiesen werden, daß in Fragen der Terminologie der kybernetischen Grundbegriffe noch ein großes Durcheinander herrscht. Manchmal wird zum Beispiel zur Bezeichnung von Regulierungsvorgängen ohne Rücksicht auf die spezifische Ausführung der Terminus „Lenkung"[1]) verwendet. Er bedeutet eine Einflußnahme auf das Wirken eines Systems, um ein gewünschtes Resultat zu erzielen. Auch wird der Ausdruck „Steuerung" als Oberbegriff für Steuerung und Regelung verwendet, wobei man dann zwischen Steuerung mit offener Wirkungskette und Regelung oder Steuerung mit geschlossenem Wirkungskreis unterscheidet. In bezug auf die Störungskompensation werden verschiedene Ausdrücke gebraucht, so zum Beispiel Eliminierung, Kompensation, Stabilisierung der Bedingungen usw.

Wir führen nun eine Regelungsvorrichtung aus der Technik an, die in der Industrie als erste im großen Maßstabe angewandt wurde. Wir meinen den automatischen Fliehkraftregler der Dampfmaschine, der von Watt erfunden und 1769 zum Patent angemeldet wurde. Dieser Regler besteht aus zwei Kugeln, die an beweglichen Armen angebracht sind und unabhängig von der Drehzahl der Hauptwelle der Dampfmaschine durch eine senkrecht stehende Nebenwelle in Umdrehungen versetzt werden. Überschreitet die Drehzahl der Hauptwelle eine festgesetzte Norm (den Sollwert), so heben sich infolge der Zentrifugalkraft die Kugeln und drücken die Tragarme nach oben. Letztere stehen aber über einen Kipphebel mit einem Regelventil in der Dampfleitung vom Kessel zu den Zylindern in Verbindung. Gehen nun die Arme nach oben,

[1]) Im Englischen entspricht dem der Terminus control, im Russischen upravlenie. Im Russischen wird deshalb die Kybernetik als Wissenschaft von den gelenkten Systemen (upravljaemych system) definiert.

so wird der Schieber gesenkt und die Dampfzufuhr vom Kessel zu den Zylindern gedrosselt. Fällt die Drehzahl der Hauptwelle unter den Sollwert ab, so senken sich die Kugeln und über den Kipphebel wird der Schieber herausgezogen, so daß die Dampfzufuhr vom Kessel zum Zylinder vergrößert wird. Auf diese Weise wird dank dem Wattschen Fliehkraftregler die Drehzahl der Dampfmaschine auf einem vorher festgelegten Niveau gehalten. Alle Abweichungen von diesem Niveau werden rasch automatisch ausgeglichen[2]).

Auf einem ähnlichen Prinzip beruht die automatische Drehzahlregelung bei vielen anderen Maschinen, so zum Beispiel bei Wasserturbinen. Offensichtlich lassen sich Mechanismen mit den drei oben beschriebenen Verfahren regulieren. Indem wir eine Maschine auf Federn und ein festes Fundament montieren, verhindern wir, daß bestimmte Störungen den Lauf der Maschine beeinträchtigen können; gleichzeitig sorgen andere Vorrichtungen dafür, daß Störungen kompensiert werden, die sich nicht eliminieren ließen, und schließlich werden Regler angebracht, um sämtliche Abweichungen von den vorgegebenen Arbeitsnormen der Maschine auszugleichen. In einem solchen Falle sprechen wir von *komplexen Regulierungsmethoden*[3]).

Wir führen nun ein Beispiel ähnlicher Regulierungsverfahren aus der Ökonomie an. Wir nehmen an, es sollen die Einnahmen der Bauern stabilisiert werden (Einzelbauern und Mitglieder der Landwirtschaftlichen Produktionsgenossenschaften). Diese Einkommen unterliegen bekanntlich in Abhängigkeit von den Ernteerträgen beträchtlichen Schwankungen. Das von uns gestellte Ziel läßt sich auf dreierlei Weise realisieren: Erstens könnte man sich darum bemühen, die Erträge in keinem Jahre allzu weit unter ein gewisses Durchschnittsniveau absinken zu lassen. Das wäre die Methode der Störungseliminierung, die in diesem Falle praktisch so gut wie unmöglich ist, da sie die Fähigkeit voraussetzt, auf den Wetterverlauf einwirken zu können. Sie läßt sich

[2]) Die ersten mathematischen Formulierungen der Wirkungsweise des Wattschen Fliehkraftreglers und ähnlicher Mechanismen stammen von dem bekannten Physiker J. C. Maxwell; s. seine Arbeit On Governors, Proceedings of the Royal Society of London, 1868.

[3]) Zu den in der Technik angewandten Methoden der einfachen und komplexen Regelung vgl. A. G. Ivachnenko, Techničeskaja kibernetika, Kiew 1962, deutsch: Technische Kybernetik, Berlin 1964. Der Begriff „komplexe Regulierungsmethoden" ist nicht zu verwechseln mit dem Begriff der „komplexen Regelung", die dann vorliegt, wenn eine Vielzahl von Parametern zu regeln sind, die zusammen einen Prozeß charakterisieren.

allerdings teilweise realisieren, wenn man die fortschrittlichen Errungenschaften der Agrotechnik einsetzt, die die Abhängigkeit der Ernteerträge vom Wetterverlauf abschwächen. Zweitens ließe sich die Methode der Störungskompensation anwenden. In unserem Falle hieße das, je nach Wetterverlauf entweder zu künstlichen Bewässerungen oder Entwässerungen und ähnlichen Verfahren zu greifen. Drittens könnte man einen entsprechenden Ausgleichsfonds einrichten[4]), den die Bauern in Jahren mit überdurchschnittlichen Ernteerträgen anlegen und aus dem sie in schlechten Erntejahren finanzielle Zuwendungen erhalten. Diese letzte Methode ist nichts anderes als der Ausgleich der Abweichungen vom Durchschnittseinkommen der Bauern.

In der Praxis lassen sich auch hier alle drei Verfahren, das heißt komplexe Regulierungsmethoden anwenden. In Polen und in vielen anderen Staaten wird zum Ausgleich der Einkommen der Bauern ein Sicherheitsfonds geschaffen, der von allen Bauern bestritten wird und dazu dient, Schäden aller Art (Überschwemmung, Sturm, Hagelschlag, Feuer), die den landwirtschaftlichen Betrieben entstanden sind, zu kompensieren. Im Versicherungswesen kennt man alle drei Arten der Regulierung. Die Eliminierung von Schäden heißt in der Ausdrucksweise des Versicherungswesens Schadenverhütung, die Kompensation von Störungen Schadenminderung und der Ausgleich der Abweichungen Versicherungsleistung. Die staatliche Versicherungsanstalt bedient sich aller drei Arten, das heißt komplexer Steuerungs- und Regulierungsmethoden.

Der Umfang, nach dem jede der einzelnen Methoden zur Anwendung gelangt, wird nach ökonomischen Gesichtspunkten festgelegt. Es wäre zum Beispiel unzweckmäßig, unbedingt die Kompensation von Störungen anwenden zu wollen, wenn dadurch zu hohe Kosten entstehen und ökonomisch betrachtet der Ausgleich der Abweichungen weit vorteilhafter ist. Vom gleichen Prinzip lassen wir uns auch gewöhnlich in der Technik leiten.

[4]) Die Einrichtung eines solchen Sicherheitsfonds hat in der UdSSR V. S. Nemčinov vorgeschlagen, der das Wirken dieses Fonds ganz ausdrücklich als kybernetischen Prozeß der automatischen Regelung definiert hat. S. S. V. Nemčinov, Ekonomiko-matematičeskie metody i modeli, Moskva 1962, S. 55 (deutsch: S. W. Nemtschinow, Ökonomisch-Mathematische Methoden und Modelle, Verlag Die Wirtschaft Berlin 1965).

2. Die Grundformel der Regelungstheorie

Der Grundbegriff in der Wissenschaft von der Regelung ist die Rückkopplung, die wir bereits im vorigen Paragraphen erwähnt hatten. Wir wollen uns nun mit diesem Begriff ausführlicher beschäftigen und kehren zu diesem Zweck noch einmal zur Analyse des technischen Regelungsablaufes zurück.

Wir betrachten ein bestimmtes *geregeltes System* (*Regelstrecke*) S. Es kann sich dabei um eine Dampfmaschine, eine Turbine, eine Heizanlage usw. handeln, die bestimmten Wirkungen unterliegen (z. B. Dampfzufuhr) und in denen ein bestimmter Effekt (z. B. die Erhöhung der Drehzahl) eintritt. Wir nehmen nun an, daß der auf diese Weise erzielte Effekt auf eine Vorrichtung wirkt, die wir als *Regler* R bezeichnen, der seinerseits wiederum auf das von uns zu untersuchende geregelte System (Regelstrecke) zurückwirkt. Diese Art Rückwirkung heißt nun *Rückkopplung* (feedback)[5]; sie besteht zwischen dem Regler R und der Regelstrecke S.

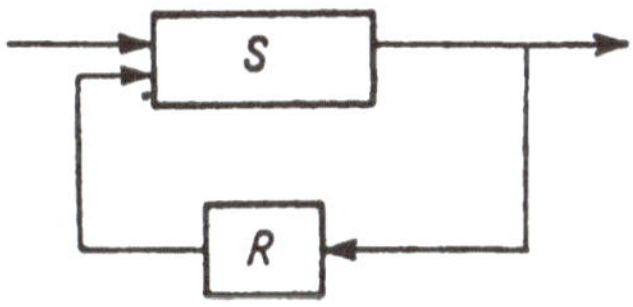

Abb. 3a

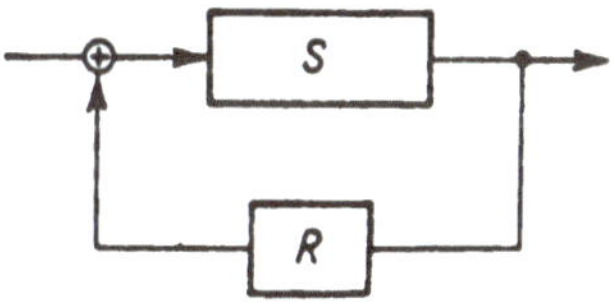

Abb. 3b

Kopplungen dieser Art lassen sich in Form von *Blockschaltbildern* oder *Strukturschemata* darstellen (Abb. 3a und 3b). In diesen beiden Abbildungen ist das Rechteck S die *Regelstrecke* und das Rechteck R der *Regler*. Das Gesamtsystem besteht also aus Regelstrecke und Regler und heißt *Regelungssystem* oder *Regelkreis*. Wir können es symbolisch mit $S + R$ bezeichnen, wobei S und R durch Rückkopplung miteinander verbunden sind. In unserem Schema kommt die Rückwirkung des Reglers R zum Eingangszustand der Regelstrecke S hinzu, oder mit anderen Worten, es tritt eine *Überlagerung* der Wirkungen ein. In der schematischen Darstellung können wir entweder die Rückwirkung des Reglers R als zusätzlichen Eingang in die Regelstrecke S ein-

[5]) Im Russischen wird die Rückkopplung als „Rückverbindung" (obratnaja svjaz') bezeichnet.

führen (Abb. 3a) oder aber die Überlagerung der Wirkungen durch einen Kreis mit Pluszeichen kennzeichnen, wobei dann ein einziger Eingang das Resultat aus der Überlagerung in die Regelstrecke eingibt (Abb. 3b). Beide Darstellungsformen sind einander gleichwertig.

Wir untersuchen nun den in unserem Blockschaltbild dargestellten Regelkreis etwas genauer. Es liegen zwei Systeme mit ganz bestimmten Eigenschaften vor. Vor allem ist festzuhalten, daß jedes dieser Systeme im bestimmten Maße durch äußere Einwirkungen beeinflußt wird. Bedienen wir uns einer aus der Technik entlehnten Ausdrucksweise, so können wir sagen, daß die äußeren Einflüsse auf die Systeme *S* und *R* über ganz bestimmte Eingänge wirken.

Die *Eingänge* können auch als bestimmte äußere Zustände definiert werden, auf die das System in ganz bestimmter Weise reagiert. Die bestimmten Zustände des Systems, die auf die äußere Umgebung wirken, heißen *Ausgänge*. Dazu ein Beispiel: In der Dampfmaschine ist die Dampfzufuhr der Eingang und die Umdrehungszahl der Maschine der Ausgang. In Heizanlagen ist der Eingang ebenfalls die Dampfzufuhr, und die resultierende Zimmertemperatur ist der Ausgang usw.[6])

Ein System von Elementen, das mit der Umgebung nur über bestimmte Ein- und Ausgänge verbunden ist, heißt *relativ isoliertes System.*[7])

Die Eingangs- und Ausgangszustände eines Systems lassen sich durch Zahlenwerte definieren. Hat das System nur einen Ausgang und nur einen Eingang, so bezeichnen wir den Eingang mit x und den Ausgang mit y. Das Blockschaltbild eines solchen Systems ist in Abb. 4 dargestellt. Die Zahlen, die den Eingangs- bzw. den Ausgangszustand charakterisieren, sind meistens reelle Zahlen. Haben diese Zustände

[6]) S. O. Lange, Ganzheit und Entwicklung in kybernetischer Sicht, Akademie-Verlag Berlin 1966, S. 4ff. Viele Begriffe der Kybernetik, wie zum Beispiel Eingang, Ausgang, Kopplung u. a. stammen aus der Theorie der elektrischen Netze.

[7]) Dieser Begriff stammt von H. Greniewski. Vgl. dazu H. Greniewski, Zasady logiki indukcji, PWN Warszawa 1955, S. 28 und derselbe, Cybernetika sposobem niematematycznym wylozona, PWN Warszawa 1959, S. 11–12. H. Greniewski, M. Kempisty, Kybernetische Systemtheorie ohne Mathematik, Berlin 1966, S. 25. Der Begriff „relativ isoliertes System" war in Polen bereits früher in der Theorie der elektrischen Netze und in der Radiotechnik gebräuchlich.

qualitativen Charakter, das heißt, beruhen sie auf dem Vorhandensein bzw. Nichtvorhandensein einer bestimmten Eigenschaft, so genügt es, die Ziffern 0 und 1 zu verwenden, wobei 0 das Fehlen der Eigenschaft und 1 ihr Vorhandensein am Eingang bzw. am Ausgang bezeichnen.

Ein System kann aber mehr als einen Eingang und mehr als einen Ausgang haben. Das ist in Abb. 5 dargestellt. Da der Zustand eines jeden Einganges und eines jeden Ausganges durch eine Zahl charakterisiert werden kann, läßt sich der Zustand aller m Eingänge und aller n Ausgänge durch Vektoren angeben:

$$x = (x_1, x_2, \ldots, x_m)$$

und

$$y = (y_1, y_2, \ldots, y_n)\,.$$

Abb. 4

Abb. 5

Nun können wir dieses System durch das gleiche Blockschaltbild darstellen wie ein System mit nur einem Eingang und nur einem Ausgang, also wie es in Abb. 4 gezeigt ist. Allerdings bezeichnen hier x und y nicht einzelne Zahlen, sondern die entsprechenden Vektoren.

Wir untersuchen nun, was im System selbst vorgeht. In das System gelangt eine bestimmte Wirkung, die durch eine Zahl bzw. durch einen Vektor charakterisiert wird (x), und aus dem System tritt eine bestimmte Wirkung aus, die ebenfalls durch eine Zahl bzw. durch einen Vektor charakterisiert wird (y). Wir konstatieren also, daß im Inneren des Systems eine gewisse Transformation stattfindet, was wir folgendermaßen schreiben:

$$y = T\,x\,. \tag{1.1}$$

Sehr oft, allerdings nicht immer, läßt sich die im System stattfindende Transformation mit Hilfe einer Funktion $y = f(x)$ darstellen, die jedem Eingangszustand x einen Ausgangszustand y zuordnet. In jedem Falle beruht die Wirkung des Systems darauf, daß ein Eingangszustand in einen Ausgangszustand transformiert wird. Wir kennzeichnen dies, indem wir das Transformationssymbol in das Blockschaltbild einführen (s. Abb. 6).

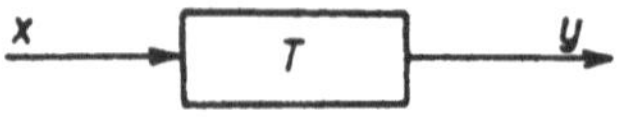

Abb. 6

Worauf beruht nun die Wirkung des Regelkreises $S + R$? In der Regelstrecke vollzieht sich die Transformation des Eingangszustandes x in den Ausgangszustand y. Das bezeichnen wir mit

$$y = S x. \tag{1.1a}$$

Wie das Blockschaltbild in Abb. 7 zeigt, wird der Ausgangszustand der Regelstrecke S zum Eingangszustand des Reglers R, der diesen Eingangszustand wiederum in seinen Ausgangszustand Δx transformiert. Der Ausgangszustand des Reglers wird zur Eingangsgröße x der Regelstrecke addiert, und als Endergebnis erhalten wir für den Eingangszustand der Regelstrecke S die Größe $x + \Delta x$. Somit wird die Korrektur der Eingangsgröße der Regelstrecke von ihrer Ausgangsgröße y abhängig. Wir bezeichnen nun den vorgegebenen, das heißt den angestrebten Sollwert des Ausgangszustandes der Regelstrecke S mit z. Der Regler muß also so eingestellt werden, daß die Korrektur Δx alle Abweichungen des Ausgangszustandes y vom Sollwert z – die Regelabweichungen – ausgleicht und den Ausgangszustand der Regelstrecke an den Sollwert heranführt, das heißt dafür sorgt, daß $y = z$ ist.

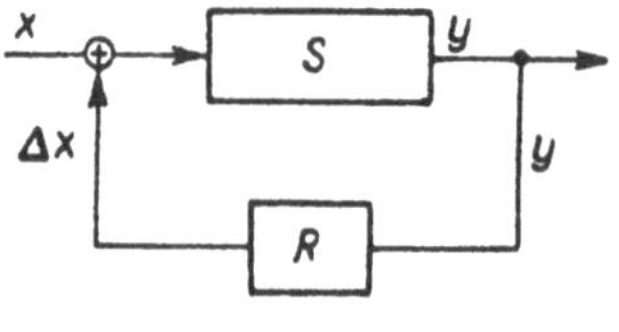

Abb. 7

Es lassen sich nun Berechnungen anstellen, die das Ergebnis der eben beschriebenen Rückkopplung zahlenmäßig erfassen. Wir nehmen zunächst an, daß in der Regelstrecke eine einfache Transformation stattfindet, die eine Multiplikation des Eingangszustandes mit der nicht negativen reellen Zahl S darstellt. Dann erhalten wir $y = S\,x$. Diese Transformation heißt *proportionale Transformation*.

Die proportionale Transformation wird oft als *Verstärkung* bezeichnet, wenn $S > 1$ und als *Dämpfung*, wenn $S < 1$ ist. Ein System mit einer proportionalen Transformation kann deshalb als *Verstärkungs-* bzw. als *Dämpfungsglied* bezeichnet werden. Das Verhältnis $S = \frac{y}{x}$ heißt *Übertragungsfaktor*[8]). Gibt zum Beispiel der Eingangszustand $x = 3$ eines Systems eine bestimmte Menge Wasser an, die in das betreffende System einfließt und der Ausgangszustand $y = 2$ die Menge Wasser, die das System verläßt, so ist der Übertragungsfaktor S des Systems $S = \frac{y}{x} = \frac{2}{3} < 1$. Das bedeutet, daß das vorliegende System zu den dämpfenden Systemen gehört.

Der Übertragungsfaktor $S = \frac{y}{x}$ des Systems ist eine bekannte Größe, in der x und y unterschiedliche Maßeinheiten sein können. So kann zum Beispiel x die Dampfmenge in Litern angeben, die einer Dampfmaschine pro Sekunde zugeführt wird, und y die Drehzahl der Maschine in der Zeiteinheit. Dann hat der Übertragungsfaktor die Dimension „Umdrehungen pro Zeiteinheit bezogen auf einen Liter Dampf pro Zeiteinheit".

Wir nehmen nun an, daß im Regler ebenfalls eine proportionale Transformation mit dem Übertragungsfaktor R stattfindet. Dann beträgt die Korrektur, die der Regler am Eingangszustand der Regelstrecke vornimmt, $\Delta x = R\,y$. Führen wir diese Korrektur ein, so ergibt sich für den Ausgangszustand der Regelstrecke schließlich:

$$y = S\,(x + \Delta x) = S\,(x + R\,y) = S\,x + S\,R\,y\,.$$

Daraus gewinnen wir für y

$$y = \frac{S}{1 - S\,R}\,x\,. \qquad (1.2)$$

[8]) Im Englischen „transmittance".

Das ist die *Grundformel der Regelungstheorie*[9])[10]). Diese Formel gibt die Beziehung an, die zwischen dem Eingangs- und dem Ausgangszustand der Regelstrecke S besteht, wenn die vom Regler R erzeugte Korrektur berücksichtigt wird. Mit dieser Formel läßt sich festlegen, wie der Eingangszustand beschaffen sein muß, das heißt, wie groß die *Stellgröße* sein muß, — sie wird mitunter auch als *Eingabe* (*Input*) *der Regelstrecke* bezeichnet —, um bei gegebenen Werten von S und R das erwünschte Resultat $y = z$ zu erhalten, das heißt den Ausgangs-

[9]) Häufig finden wir in der Literatur für diese Formel folgende Form:

$$y = \frac{S}{1 + S R} x .$$

Das hat seine Ursache darin, daß einige Autoren den Übertragungsfaktor des Reglers R mit einem Minuszeichen versehen, um anzugeben, daß der Regler mit der Regelstrecke in entgegengesetzter Richtung gekoppelt ist.

[10]) Im Gegensatz zu dieser Auffassung von O. Lange wird in der Regeltheorie ein Regelkreis wie folgt dargestellt:

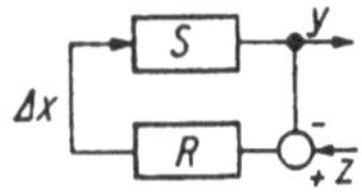

In diesem Falle gilt für die Übertragung der Führungsgröße

$$y = \frac{S \cdot R}{1 + S R} z .$$

Außerdem können unerwünschte Störgrößen an einer beliebigen Stelle des Systems einwirken. Geschieht dies z. B. am Eingang der Regelstrecke, so ergeben sich folgende Verhältnisse

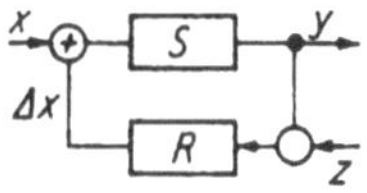

Für die Übertragung der Störgröße x gilt, wenn der Einfachheit halber $z = 0$ vorausgesetzt wird:

$$y = \frac{S}{1 + S R} x .$$

(Anmerkung der deutschen Redaktion)

zustand der Regelstrecke gleich dem Sollwert zu machen. Zu diesem Zwecke setzen wir in Formel (1.2) $y = z$ und erhalten so:

$$x = \frac{1 - S R}{S} z . \tag{1.2a}$$

Ist nun die Stellgröße x gegeben, so können wir den Übertragungsfaktor des Reglers R bestimmen, der erforderlich ist, um das erwünschte Resultat $y = z$ zu erhalten. Es gilt dann:

$$R = \frac{z - S x}{S z}, \tag{1.2b}$$

was sich unmittelbar aus Formel (1.2a) ergibt.

Es stellt sich heraus, daß sich die Wirkung der sogenannten linearen Regelkreise ganz allgemein durch Formel (1.2) beschreiben läßt. Der Ausdruck $\frac{S}{1 - S R}$ heißt *Übertragungsfaktor des Regelkreises.* In unserem Fall, wenn also sowohl in der Regelstrecke als auch im Regler proportionale Transformationen stattfinden, ist dieser Übertragungsfaktor eine reelle Zahl.

An Hand der Formel (1.2) läßt sich nun die spezifische Rolle des Reglers erklären. Wäre kein Regler R vorhanden ($R = 0$), dann würde sich für den Übertragungsfaktor des Regelkreises der Wert S ergeben. Der Regler R bewirkt also, daß die rechte Seite der Formel $y = S x$ mit dem Faktor $\frac{1}{1 - S R}$ multipliziert wird, der die Wirkung des Reglers charakterisiert. Das läßt sich noch deutlicher veranschaulichen, wenn wir Formel (1.2) in der Form

$$y = \frac{1}{1 - S R} S x , \tag{1.2c}$$

schreiben, aus der ersichtlich ist, daß der erste Faktor auf der rechten Seite der Formel (1.2c), also der Ausdruck $\frac{1}{1 - S R}$ die Wirkung des Reglers angibt und der zweite Faktor, also S, die Wirkung der Regelstrecke. Der Faktor $\frac{1}{1 - S R}$ beschreibt die Wirkung der Rückkopplung im Regelkreis. Wir bezeichnen ihn deshalb als *Rückkopplungsfaktor* (*bzw. Rückkopplungsoperator*). Die Multiplikation mit diesem Faktor verwandelt den Übertragungsfaktor der Regelstrecke in den Übertragungsfaktor des Regelkreises.

3. Der Keynessche Multiplikator

Wir stellen fest, daß der Rückkopplungsfaktor $\frac{1}{1 - SR}$ in seiner Struktur dem *Keynesschen Multiplikator* ähnelt, der bekanntlich in den Überlegungen dieses Ökonomen eine grundlegende Rolle spielte. Wir wollen nun zeigen, daß man den Keynesschen Multiplikator tatsächlich als speziellen Fall des Rückkopplungsfaktors auffassen kann.

Wir erinnern daran, daß Keynes das Nationaleinkommen Y als Gesamtsumme der in der Volkswirtschaft geleisteten Nettozahlungen betrachtete (das heißt abzüglich der Amortisationen für Produktionsmittel). Diese Summe hat nach seiner Auffassung zwei Bestandteile: Zahlungen für Investitionen A und Zahlungen für die Beschaffung von Konsumtionsgütern C. Der zweite Bestandteil wird dabei als lineare Funktion des Nationaleinkommens aufgefaßt, und zwar gilt $C = c\,Y$, wo c der sogenannte *Konsumtionskoeffizient* ist, für den $0 < c < 1$ gilt, was bedeutet, daß niemals das gesamte Nationaleinkommen für Konsumtionszwecke verausgabt werden kann.

Wir haben demnach folgende Beziehung:

$$Y = A + C = A + c\,Y\,. \tag{1.3}$$

Daraus folgt

$$Y = \frac{A}{1 - c} = \frac{1}{1 - c} A\,, \tag{1.4}$$

wo der Ausdruck $\frac{1}{1 - c}$ die Bezeichnung Keynesscher Multiplikator trägt.

Die Ähnlichkeit, die zwischen der Grundformel der Regelungstheorie (1.2) und der Formel (1.4) besteht, veranlaßt zu einer recht interessanten Interpretation des Keynesschen Multiplikators. Wir wollen hier nicht im einzelnen untersuchen, wie weit die Theorie von Keynes zutrifft und in welchem Grade sie tatsächlich die Bildung des Nationaleinkommens in einer kapitalistischen Wirtschaft wiedergibt. Uns geht es in erster Linie um die methodologische Seite, um den formalen Aufbau seiner Überlegungen.

Wir nehmen an, es liege ein gewisses System vor, das als Eingang, also als Einwirkung von außen eine gewisse Investitionsgröße $x = A$ zu verzeichnen hat. Der Übertragungsfaktor dieses Systems sei 1, das heißt $S = 1$. Das bedeutet, daß der Effekt dieser Investitionen den Investitionsaufwendungen A gleich ist. Das System soll ferner einen

Regler R mit dem Übertragungsfaktor $R = c$ haben. Nach erfolgter Korrektur durch den Regler fließt dem ersten System (der Regelstrecke) als Gesamtsumme die Wirkung $Y = A + c\,Y$ zu. Als Ergebnis erhalten wir einen Regelkreis, wie er im vorigen Paragraphen beschrieben wurde. In unserem jetzigen Regelkreis hat die Regelstrecke jedoch den Übertragungsfaktor 1 und der Regler den Übertragungsfaktor c. Graphisch ist das in Abb. 8 dargestellt.

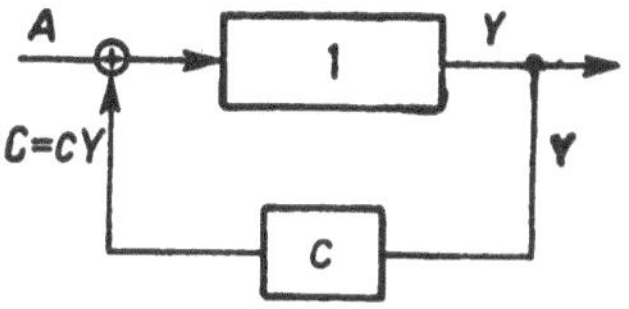

Abb. 8

Wir stellen fest, daß die Wirkung des in Abb. 8 beschriebenen Systems der Wirkung eines Systems ohne Rückkopplung gleichkommt, das seinerseits den Übertragungsfaktor $\frac{1}{1 - c}$ hat. Das heißt, daß der Übertragungsfaktor unseres Systems gleich dem Keynesschen Multiplikator ist (Abb. 9).[11]

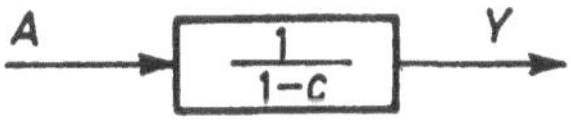

Abb. 9

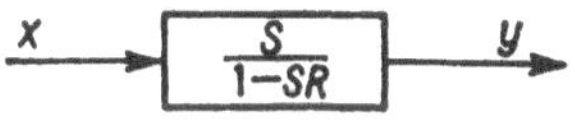

Abb. 10

Wir wollen nun feststellen, welche praktischen Anwendungsmöglichkeiten die Grundformel der Regelungstheorie in der Ökonomie hat. Zunächst läßt sich das Gesamtsystem, das sich aus der Regelstrecke S und dem Regler R zusammensetzt, als ein einziges System mit dem Übertragungsfaktor $\frac{S}{1 - RS}$ betrachten (Abb. 10). Zweitens lassen sich unter Verwendung der Grundformel der Regelungstheorie (1.2) bestimmte Berechnungen anstellen.

Wie bereits erwähnt wurde, muß die Stellgröße x, wenn y gleich dem Sollwert z sein soll, der Formel (1.2a) genügen, das heißt $x = \frac{1 - SR}{S}\,z$.

[11]) Dieses Beispiel bestätigt, was in der Einleitung gesagt wurde: Die Ökonomen haben sich mit Problemen der Regelung beschäftigt und dabei, ohne es zu wissen, Formeln der Regelungstheorie verwendet.

Für ein System, dessen Übertragungsfaktor gleich dem Keynesschen Multiplikator ist und das als Eingang die Investitionsgröße A hat, nimmt dieser Ausdruck folgende Form an:

$$A = (1 - c)\, z\,. \tag{1.5}$$

Nun lassen sich folgende mathematische Überlegungen anstellen: Wir nehmen an, P sei das Nettoprodukt, dem die Beschäftigung $a\,P$ entspricht, wo a der Koeffizient der Arbeitsintensität des Nettoproduktes ist. Wenn N_0 die Anzahl der Arbeiter angibt, die beschäftigt werden sollen, so ist das Nettoprodukt unbedingt in der Höhe von $P_0 = \frac{N_0}{a}$ zu sichern. Für die Realisierung dieses Nettoproduktes muß das Nettonationaleinkommen (das heißt die Gesamtsumme der Zahlungen) gleich P_0 sein, das heißt $Y = P_0$ [12]). Der vorgegebene Wert Y beträgt somit $z = P_0$. Setzen wir diesen Wert in Formel (1.5) ein, so erhalten wir:

$$A = (1 - c)\, P_0\,. \tag{1.6}$$

Das bedeutet, daß die Größe der Investitionen dem vorgegebenen Nettoprodukt proportional sein muß, wobei der Proportionalitätsfaktor $1 - c$ ist.

Anhand der Formel (1.2) läßt sich auch der Übertragungsfaktor des Reglers R ermitteln, der erforderlich ist, um bei gegebenem Übertragungsfaktor der Regelstrecke S und bei gegebener Stellgröße x den Sollwert $y = z$ zu erzielen. Der Übertragungsfaktor R des Reglers muß, wie bereits nachgewiesen wurde, nach Formel (1.2b) gleich $R = \frac{z - S\,x}{S\,z}$ sein.

Ist der Übertragungsfaktor des Regelkreises gleich dem Keynesschen Multiplikator und die Stellgröße gleich der Größe der Investitionen A, so erhalten wir:

$$c = \frac{z - A}{z}\,. \tag{1.7}$$

[12]) Wenn die Summe der geleisteten Zahlungen größer wäre als der Wert des Nettoproduktes P_0, so müßten zwecks Erhaltung des Gleichgewichts die Produktenpreise selbst bei Einführung der Rationierung unbedingt erhöht werden. Ist hingegen $Y < P_0$, so kann nicht das gesamte Produkt realisiert werden. Natürlich läßt sich dann auch der Beschäftigtenstand nicht in der vorgesehenen Höhe N_0 realisieren.

Mit Formel (1.7) können wir zum Beispiel folgende ökonomische Aufgabe lösen: Es sei die Investitionsgröße A_0 gegeben, und es werde gefordert, daß der Ausgangszustand des Systems $z = Y = P_0$ ist und die Beschäftigung N_0 sichert. Zu bestimmen ist der entsprechende Konsumtionskoeffizient c. Es ist also der Teil des Volkseinkommens festzulegen, der in die Konsumtion gehen muß, damit die Aufgabe erfüllt werden kann.

Setzen wir die entsprechenden Größen in Gleichung (1.7) ein, so erhalten wir:

$$c = \frac{P_0 - A_0}{P_0} \tag{1.8}$$

Formel (1.8) nennt uns den Übertragungsfaktor des Reglers, der das Einkommen in Ausgaben für Konsumtionszwecke transformiert. Falls der Übertragungsfaktor des Reglers dieser Größe entspricht, falls also die Aufteilung der Einkommen so beeinflußt werden kann, daß der Konsumtionskoeffizient c die von Formel (1.8) geforderte Größe annimmt, so ist die oben gestellte Bedingung für die Größe der Investitionen und die Höhe des Beschäftigtenstandes realisierbar.

Aus Formel (1.2b) ist zu ersehen, daß zur Sicherung des Sollwertes z der Übertragungsfaktor des Reglers bei gegebener Stellgröße x einfach proportional der Abweichung (Störung) $z - S\,x$ sein muß, die eintreten würde, falls kein Regler vorhanden wäre, und umgekehrt proportional zu $S\,z$, das heißt dem Wert der Stellgröße, die — ebenfalls beim Fehlen des Reglers — erforderlich wäre. Bei der zuletzt von uns betrachteten ökonomischen Aufgabe, deren Lösung durch Formel (1.8) gegeben wird, zeigt sich, daß der Konsumtionskoeffizient direkt proportional der Differenz zwischen dem Nettoprodukt, das dem vorgesehenen Beschäftigtenstand entspricht, und der vorgegebenen Investitionsgröße sein muß und umgekehrt proportional dem eben definierten Nettoprodukt.

4. Arten der Steuerung und Regelung

Regelung und Steuerung bezwecken die Sicherung einer solchen Wirkungsweise eines Systems, daß alle Abweichungen vom Sollwert ausgeglichen werden. Wie wir gesehen haben, erfordert das eine entsprechende Stellgröße (Eingabe) in das gesteuerte System bzw. einen Regler mit einem ganz bestimmten Übertragungsfaktor.

Der Sollwert, das heißt die Norm des Ausgangszustandes des Systems, kann entweder eine konstante oder eine variable Größe sein. Im ersten Falle, wenn also $z = \text{const}$, sprechen wir von *Festwertsteuerung* oder *Festwertregelung*.[13]) Im anderen Falle sprechen wir von einer *Folgesteuerung* bzw. einer *Folgeregelung*. Darunter verstehen wir die Einhaltung des jeweiligen Wertes einer Veränderlichen z, das heißt einer veränderlichen Norm des Systems. Es handelt sich also hier um die Korrektur der Abweichungen des Ausgangszustandes des Systems von einem sich dauernd ändernden Sollwert. Die Steuerung bzw. Regelung betrifft also den Ausgleich der Abweichungen vom Sollwert, der eine Funktion der Zeit oder einer anderen Veränderlichen ist.

Ist z als vorgegebene Funktion der Zeit t definiert, also $z = f(t)$, dann sprechen wir von einer *Zeitplansteuerung* oder *Zeitplanregelung*, und die Funktion $z = f(t)$ ist das *Steuerungs-* oder *Regelungsprogramm*. Ein Fall der Zeitplanregelung ist zum Beispiel die Bewegung eines Schiffes entlang einer Route, die durch die geographischen Koordinaten festgelegt ist. Kennt man die Geschwindigkeit des Schiffes, so kann man für jeden beliebigen Zeitpunkt seinen genauen Standort angeben. Die so festgelegte Route ist das Regelungsprogramm, und die automatische Regelungsvorrichtung stellt eventuell auftretende Abweichungen vom vorgegebenen Kurs fest und gleicht sie aus, so daß auf diese Weise die vorgezeichnete Route bzw. das Regelungsprogramm eingehalten wird.

Es läßt sich recht leicht ein Beispiel der Zeitplanregelung aus der Ökonomie finden. Es sei zum Beispiel $P(t)$ das Produktionsprogramm des Nettoproduktes für einen Zeitraum von sagen wir zehn Jahren. Es soll nun die Funktion der Investitionen $A(t)$ so festgelegt werden, und zwar bei vorgegebenem Konsumtionskoeffizienten c, daß das Produktionsprogramm realisiert werden kann. Gemäß Formel (1.4) muß in unserem Falle zwischen der Produktionsfunktion $P(t)$ und den Investitionen $A(t)$ folgende Beziehung bestehen:

$$P(t) = \frac{1}{1-c} A(t),$$

woraus folgt

$$A(t) = (1 - c)\, P(t).$$

[13]) Die Festwertregelung wird auch als *Stabilisierung* bezeichnet und die entsprechenden Steuer- oder Regelvorrichtungen als *Stabilisatoren*.

Ein anderes Beispiel der Zeitplanregelung sind automatische Werkbänke, die gewöhnlich nach einer bestimmten Zeitfunktion $z = f(t)$ geregelt werden.

Der vorgegebene Wert z braucht nicht immer unmittelbar als Funktion der Zeit definiert zu sein, er kann ebensogut Funktion einer anderen Größe sein, die wir mit w bezeichnen wollen. In einem solchen Falle haben wir es mit einer *Führungssteuerung* oder *-regelung* zu tun. Hier beruht die Wirkung des Systems, das durch die Größe z festgelegt ist, gewissermaßen darauf, daß z einer anderen Größe nachgeführt wird. Also folgt z zunächst der Größe w, das System folgt sodann der Größe z, und es ist $z = f(w)$.

Ein anderer Fall der Regelung wäre die Festlegung unseres Schiffskurses in genauem 10-Kilometer-Abstand vom Ufer. Diese Route verliefe genau parallel zur Uferlinie. Unter Zuhilfenahme einer Karte könnte man die Route ausarbeiten und dann die Zeitplanregelung in Anwendung bringen. Liegt keine Karte vor und ist das Festland sichtbar, so wendet man die Regelung an, die in diesem Falle darauf beruht, eine genau gleichbleibende Entfernung des Schiffes vom Festland einzuhalten. Die Regelung hat hier also die Aufgabe, die auftretenden Abweichungen auszugleichen, das heißt, den Kurs des Schiffes dort zu korrigieren, wo die Entfernung zum Festland größer oder kleiner als 10 Kilometer ist. Die Uferlinie ist in diesem Falle die Führungsgröße und der Schiffskurs die Folgegröße.

Wir untersuchen noch ein weiteres Beispiel der Folgeregelung. Durch zwei parallel gelegte Rohre A und B fließt eine Flüssigkeit. Dabei soll die Geschwindigkeit, mit der die Flüssigkeit durch das Rohr B fließt, die Führungsgröße sein. Die Aufgabe besteht nun darin, die Flüssigkeit in Rohr A mit der gleichen Geschwindigkeit fließen zu lassen wie in Rohr B. Für die technische Realisierung dieser Aufgabe muß in Rohr B ein entsprechendes Meßgerät angebracht werden, das die Werte dauernd mißt, und außerdem muß Rohr A einen automatischen Regler haben, der die Fließgeschwindigkeit in diesem Rohr in Übereinstimmung mit den übermittelten Meßwerten entweder beschleunigt oder verlangsamt (s. Abb. 11).

Die bekannte „Verfolgungsaufgabe“ (Hasenjagd) ist ebenfalls ein Beispiel der Folgeregelung. Wir nehmen an, daß sich der Hund P zum Anfangszeitpunkt an einem bestimmten Punkt der Achse Z (s. Abb. 12a) befindet und einem Hasen nachjagt, der die x-Achse in positiver Richtung entlang läuft. Der Hund ändert ständig seine Richtung, indem er immer wieder den Punkt ansteuert, in welchem er den Hasen gerade sieht. Wenn der Hund seine Richtung nur in bestimmten Zeitpunkten, sagen wir nach jeder Sekunde ändert, so bewegt er sich entlang einer gebrochenen Linie, wie sie in Abb. 12a zu sehen ist. Im Grenzfall, wenn also der Hund die Richtung zu jedem Zeitpunkt ändert, geht die

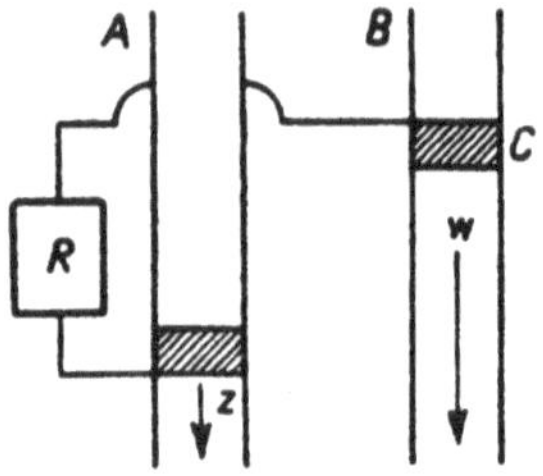

Abb. 11

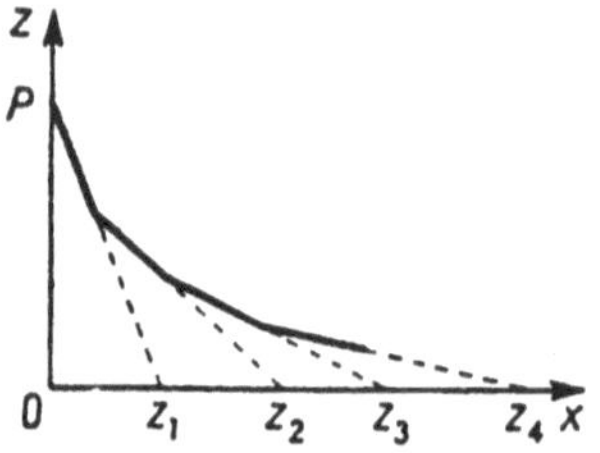

Abb. 12a

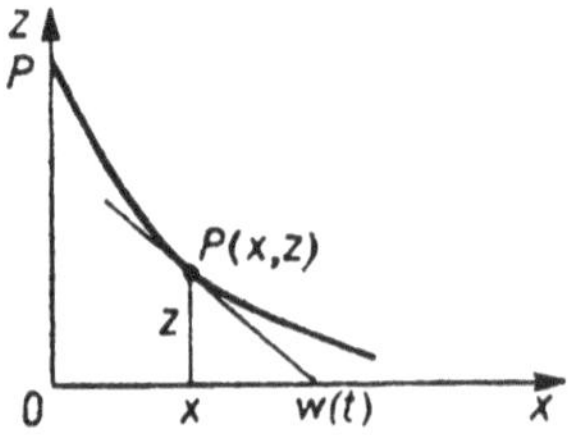

Abb. 12b

gebrochene Linie in eine glatte Kurve über, die allgemein als *Verfolgungskurve* bezeichnet wird (s. Abb. 12b). Diese Kurve ist tatsächlich das Abbild eines Regelungsprozesses, da ihr Verlauf durch die Bewegung des fliehenden Hasen bestimmt wird. Sie hat die Eigenschaft, daß ihre Tangente in jedem beliebigen Punkt auf den Punkt zeigt, in dem sich der Hase gerade befindet.

Die Verfolgungsaufgabe muß anders behandelt werden, wenn man annimmt, daß der Hund nicht sinnlos in die Richtung rennt, in der er zum jeweiligen Zeitpunkt den Hasen gerade sieht, sondern einer Geraden folgt, die ihn zum künftigen Schnittpunkt dieser Geraden mit der Laufrichtung des Hasen führt. Diese Art von Prozessen wird als *antizipierende Steuerung*[14]) bezeichnet. Eine solche antizipierende

[14]) Wir sprechen von antizipierender Steuerung, da kein geschlossener Wirkungskreis zwischen dem eigentlichen Ziel und dem Verfolger vorhanden ist. Da aber ein geschlossener Wirkungskreis mit einer aus dem Istzustand abgeleiteten Größe besteht, könnte man auch von antizipierender Regelung sprechen. (Anmerkung der deutschen Redaktion).

Steuerung würde jedoch voraussetzen, daß der Hund die Funktion $w(t)$ kennt, die die Bewegung des Hasen charakterisiert. Das ist aber nicht erforderlich, wenn er dem Hasen einfach, also nicht „antizipierend" nachjagt.[15])

Wir führen nun noch ein Beispiel der Folgesteuerung aus der Ökonomie an. Wie aus dem vorigen Paragraphen zu ersehen war, kann das Nationaleinkommen Y (im Sinne der vollen Summe der Zahlungen) als Funktion der Investitionssumme $Y = \frac{1}{1-c} A$ ausgedrückt werden, wo $\frac{1}{1-c}$ der Keynessche Multiplikator ist. Wir fordern nun, das Nationaleinkommen Y in einer solchen Höhe zu nutzen, daß zu jedem Zeitpunkt eines bestimmten Zeitabschnittes (zum Beispiel von 5 Jahren) die Vollbeschäftigung der Bevölkerung garantiert ist. Wir bezeichnen mit $N(t)$ die Anzahl der arbeitsfähigen Bevölkerung zum Zeitpunkt t, mit $P(t)$ den Wert der Produktion zum Zeitpunkt t und mit a den Koeffizienten der Arbeitsintensität des Nettoproduktes in der Volkswirtschaft, den wir als konstant annehmen. Auch den Konsumtionskoeffizienten c betrachten wir für diesen Zeitraum als konstante Größe. Die Aufgabe, die wir zu lösen haben, läuft darauf hinaus, die Größe der Investitionen $A(t)$ für den Zeitpunkt t so festzulegen, daß ständig Vollbeschäftigung herrscht, das heißt, daß für jeden Zeitpunkt folgende Gleichung erfüllt ist:

$$z(t) = \frac{N(t)}{a} = P(t) = Y(t)\,.$$

Wenn wir die zeitlich veränderliche Größe der Bevölkerung $N(t)$ als Führungsgröße[16]) annehmen, dann ist die Aufgabe gelöst, sobald wir die Folgegröße $A(t)$ gefunden haben, das heißt, sobald wir das Investitionsprogramm für den zu betrachtenden Zeitraum aufgestellt haben.

[15]) Das zeigt sich auch bei dem Prinzip, das von Flugzeugen und Schiffen unter feindlichem Beschuß angewandt wird und darauf beruht, häufige und zufällige Kursänderungen vorzunehmen (zu manövrieren). Es geht hier darum, dem feuernden Geschütz nicht zu gestatten, eine antizipierende Steuerung zu realisieren, sondern es vielmehr zu zwingen, nach dem Prinzip der Folgereglung zu feuern, was eine geringere Trefferwahrscheinlichkeit bietet.

[16]) Die Anzahl der arbeitsfähigen Bevölkerung, aufgefaßt als Funktion der Zeit, läßt sich auf der Grundlage demographischer Prognosen über den Bevölkerungszuwachs insgesamt bestimmen.

Aus der Gleichung

$$\frac{N(t)}{a} = P(t) = \frac{1}{1-c} A(t)$$

erhalten wir:

$$A(t) = (1 - c) \frac{N(t)}{a}.$$

Dieses Beispiel vereinfacht die Realität, weil nicht berücksichtigt ist, daß bei einem längeren Zeitraum auch der Koeffizient der Arbeitsintensität a und der Konsumtionskoeffizient c Veränderungen erfahren, da auch sie letztlich Funktionen der Zeit $a(t)$ und $c(t)$ sind. Sind jedoch die Prognosen dieser Größen bekannt, so läßt sich die Aufgabe, $A(t)$ zu bestimmen, anhand einer Formel lösen, die der oben angeführten analog ist. Wir erhalten dann nämlich:

$$A(t) = [1 - c(t)] \cdot \frac{N(t)}{a(t)}.$$

Diese Bedingung muß für jeden Zeitpunkt t erfüllt sein.

Wenn $A(t)$ nach dieser Formel für jeden einzelnen Zeitpunkt t berechnet wird, und zwar auf der Grundlage der für diese Zeitpunkte bestätigten Werte von $N(t)$, haben wir es mit einer gewöhnlichen Folgesteuerung zu tun. Machen wir uns jedoch die demographische Prognose zunutze und können wir die Werte von $N(t)$ für einen gewissen Zeitabschnitt (zum Beispiel 5 Jahre) vorausbestimmen, so lassen sich mit der oben angeführten Gleichung die für diesen Zeitabschnitt erforderlichen Werte von $A(t)$ im voraus festlegen. Das heißt, die Investitionen lassen sich planen. Damit hat sich die Folgesteuerung in eine antizipierende Steuerung verwandelt. Die gesamte Volkswirtschaftsplanung ist antizipierende Steuerung.

Wir befassen uns nun mit einer dritten Abart der Steuerung oder Regelung. Sie tritt dann ein, wenn keine streng definierte Führungsgröße vorliegt, sondern wenn es sich darum handelt, den vorgegebenen Sollwert z der Systemreaktion auf der Grundlage der bis dahin abgelaufenen Steuerungs- oder Regelungsprozesse zu bestimmen. Mit anderen Worten, der Sollwert z ist eine Funktion derjenigen Zustände, die in den vergangenen Zeitpunkten bzw. Zeitabschnitten erreicht wurden. Das ist die sogenannte *Adaptionssteuerung* oder *Adaptionsregelung*.

Ein wichtiger Spezialfall ist der Lernprozeß. Er beruht darauf, aus den in der Vergangenheit gemachten Erfahrungen Ergebnisse zu gewinnen. Die Adaptionssteuerung oder Adaptionsregelung wird deshalb mitunter generell als Lernprozeß bezeichnet, oder manchmal auch als „Vererbungsprozeß" (heredity process), da im Verlaufe dieses Prozesses die früher gemachten Erfahrungen irgendwie „vererbt" werden. Der Sollwert wird auf der Grundlage des aus der Vergangenheit übernommenen „Erbes" festgelegt.

Bei dem Lernprozeß ist der für den Zeitpunkt (t) vorgegebene Wert — wie bezeichnen ihn mit $z(t)$ — eine Funktion der Ausgangszustände y des Systems, die zu den Zeitpunkten $t - \Theta_1$, $t - \Theta_2$ usw. erzielt worden waren, das heißt der Werte $y(t - \Theta_1)$, $y(t - \Theta_2)$ usw. Das läßt sich folgendermaßen schreiben:

$$z(t) = f[y(t - \Theta_1),\ y(t - \Theta_2), \ldots].$$

Es gibt noch eine vierte Abart der Steuerung und Regelung, die darauf beruht, daß die vorgegebene Größe (variabel oder konstant) das Maximum bzw. das Minimum einer bestimmten Funktion (bzw. eines Funktionals) bildet. Gewöhnlich hängt diese Funktion bzw. dieses Funktional von der Stellgröße x und von den Übertragungsfaktoren S und R oder auch von anderen zusätzlichen Parametern ab. Wir schreiben diesen Fall in der Form $z = \max f(x, S, R$, zusätzliche Parameter) bzw. $z = \min f(x, S, R$, zusätzliche Parameter).

Diese Art der Steuerung und Regelung heißt *Extremal-* oder *Optimalsteuerung* und *Optimalregelung*.[17])

Ein Fall dieser Regelung wäre die weiter oben beschriebene „antizipierende" Hasenjagd, und zwar dann, wenn der Hund den Hasen, der seine Bahn mit bekannter Geschwindigkeit verfolgt, in kürzester Zeit oder auf kürzestem Wege fängt. Ein anderes Beispiel einer Extremalregelung ist die Drehzahlregelung einer Maschine oder einer Turbine, die so eingerichtet ist, daß die Leistung, das heißt das Verhältnis der geleisteten Arbeit zur genutzten Energie maximal ist. In ökonomischen Aufgaben beruht die Extremalregelung am häufigsten auf der Festlegung von Sollwerten eines Systems, die entweder die Kosten seines Funktionierens minimieren oder aber die zu erzielende Ausbeute maximieren.

Die eben aufgezählten Abarten der Steuerung und Regelung lassen sich folgendermaßen unter einem einheitlichen Gesichtspunkt zusam-

[17]) Einen Versuch, die Adaptionsregelung, die gleichzeitig auch eine Extremalregelung ist, systematisch zu erfassen, unternimmt R. Bellmann in seinem Buch Adaptive Control Processes, Princeton 1961. Bellmann weist nach, daß sich die Regelung dieser Art auf die Lösung einer bestimmten Aufgabe der dynamischen Optimierung zurückführen läßt.

menfassen: Der variable Sollwert ist eine Funktion eines bestimmten Parameters, den wir als *Steuerungs-* oder *Regelungskriterium* bezeichnen. Symbolisieren wir diesen Parameter mit s, so gilt $z = f(s)$. Ist z. B. für den Fall der Regelung dieser Parameter die Zeit, das heißt, ist $s = t$, so liegt der Fall der Zeitplanregelung vor. Ist dieser Parameter eine Größe, die durch irgendeinen außerhalb des Regelkreises verlaufenden Prozeß bestimmt wird, so haben wir den Fall der Folgeregelung. Diese Größe ist dann nämlich die Führungsgröße, und es gilt $s = w$. Wenn dieser Parameter der frühere Ausgangszustand (bzw. eine Menge solcher früherer Ausgangszustände) des Regelkreises ist, so haben wir es mit der Adaptionsregelung zu tun. Wird schließlich dieser Parameter s durch eine Extremalbedingung bestimmt, das heißt, gilt $z = \max f(s)$ bzw. $z = \min f(s)$, so haben wir den Fall der Extremalregelung. Somit werden also die einzelnen Abarten der Regelung von der Beschaffenheit des Parameters s bestimmt, der als Regelungskriterium fungiert.

Verallgemeinern wir nun unsere bisherigen Überlegungen, so können wir sagen, daß der Sollwert des Regelkreises eine Funktion einer größeren Anzahl von Parametern ist. Wir haben also ein Regelungskriterium aus mehreren Parametern vorliegen und können dehsalb von einer *komplexen Regelung* sprechen. Eine solche Regelung ist nun in bezug auf den einen Parameter (die Zeit) eine Zeitplanregelung, in bezug auf einen zweiten Parameter (Führungsgröße) eine Folgeregelung, für den dritten Parameter (abhängig von den früheren Ausgangszuständen des Systems) eine Adaptionsregelung und schließlich für einen vierten Parameter (der eine Minimalbedingung gewisser Kosten oder Aufwendungen darstellt) eine Extremalregelung. Entsprechendes gilt für den Fall der Steuerung. Diese Art komplexer Steuerungs- und Regelungsprozesse charakterisiert die Entwicklung lebender Organismen. Die Erhaltung eines Organismus (die Aufrechterhaltung seiner Ausgänge) hängt vom Alter des Organismus ab (also von der Zeit als Parameter), von verschiedenen Führungsgrößen, die von der Umgebung bestimmt werden, vom früheren Verhalten des Organismus (seinen früheren Ausgangszuständen) — zum Beispiel von angelernten bedingten Reflexen — sowie von Größen, die aus gewissen Extremalbedingungen resultieren — zum Beispiel die Minimierung aller Aufwendungen. Die homöostatische Regelung gleicht die Abweichungen von der Verhaltensnorm aus, die von den oben aufgezählten Faktoren abhängt.

Hier sei noch darauf hingewiesen, daß dann, wenn ein aus mehreren Parametern bestehendes Regelungskriterium einen Parameter enthält, der eine bestimmte Extremalbedingung erfüllt und darüber hinaus entweder noch die Zeit oder auch einen Parameter, der durch die früheren Ausgangszustände des Systems bestimmt wird, die komplexe Regelung gleichwertig ist einer bestimmten Aufgabe der dynamischen Optimierung.

5. Die linearen Operatoren

Die Grundformel der Regelungstheorie $y = \frac{S}{1 - S R} x$ wurde unter der Annahme abgeleitet, daß S und R proportionale Transformationen bezeichnen, die in der Regelstrecke bzw. im Regler stattfinden. Mit anderen Worten heißt das, daß in den beiden Teilsystemen (der Regelstrecke und dem Regler) Transformationen ablaufen, die auf einer Multiplikation der Eingangszustände mit der reellen Zahl S bzw. R beruhen. Wir werden nun zeigen, daß die Grundformel der Regelungstheorie einen weit größeren Anwendungskreis hat. Die Annahme nämlich, daß in der Regelstrecke und im Regler ausschließlich proportionale Transformationen stattfinden, kann durch eine bei weitem breiter gefaßte Annahme ersetzt werden. Zu diesem Zweck befassen wir uns nun kurz mit den Elementen der sogenannten *Operatorenrechnung.*

Wie wir bereits wissen, wird in jedem relativ isolierten System der Eingangszustand x in den Ausgangszustand y transformiert, was sich in der Form $y = T x$ schreiben läßt. Das Symbol T heißt dabei *Transformationsoperator.* Er ist eine Verfahrensvorschrift, die angibt, was mit dem Eingangszustand x zu geschehen hat, damit wir den Ausgangszustand y des Systems erhalten. Es erweist sich nun, daß man mit Hilfe solcher Verfahrensvorschriften bzw. Operatoren verschiedenartige algebraische Operationen durchführen kann. Die Auswahl von Regeln (Vorschriften) zur Ausführung bestimmter algebraischer Operationen auf der Grundlage von Operatoren wird als *Operatorenrechnung* bezeichnet. Wir betrachten nun den Spezialfall der sogenannten *linearen Operatoren.* Es sind dies Operatoren, die den beiden folgenden Bedingungen genügen:

$$1) \quad T(c x) = c T x$$

$$2) \quad T(x + v) = T x + T v ,$$

und zwar für alle Größen x und v, die zu einer bestimmten Menge gehören, und für jede Konstante c.

Die erste dieser Bedingungen besagt, daß die Anwendung der Transformation T auf die Größe $c x$ (wo c eine Konstante ist) gleichbedeutend ist mit der Anwendung der Transformation T auf die Größe x und anschließender Multiplikation des erzielten Ergebnisses mit c. Mit anderen Worten: Die Konstante c läßt sich vor das Operatorzeichen ziehen. Die zweite Bedingung besagt, daß lineare Operatoren die Eigenschaft der Addivitität besitzen. Das heißt, die Anwendung der Transformation auf die Summe der Größen x und v ist gleich der Summe der Transformationen, angewandt auf x und v.

Der einfachste lineare Operator ist der Operator der proportionalen Transformation, der den Eingangszustand x in den Ausgangszustand y verwandelt, dadurch daß der Eingangszustand mit einer gewissen reellen Zahl multipliziert wird, und zwar derart, daß $y = k\,x$, wo k eine konstante (reelle) Zahl ist. Die Konstante k trägt die Bezeichnung *Übertragungsfaktor der Transformation.* Es muß jedoch darauf hingewiesen werden, daß der Operator der proportionalen Transformation nicht mit der Konstanten k identisch ist. Der Operator ist in diesem Falle die Verfahrensvorschrift: „Multipliziere x mit k".

Wir zählen nun die grundlegenden linearen Operatoren auf. Zu ihnen gehören:

1. Der Operator der *proportionalen Transformation*, oder einfacher der *Proportionalitätsoperator*, den wir bereits behandelt haben. Er beruht auf der Multiplikation des Eingangszustandes x mit der konstanten reellen Zahl k.

2. Der *Differentialoperator*. Ist der Eingangszustand x eine Funktion eines gewissen Parameters t, ist also $x = f(t)$, so besagt dieser Operator, daß zur Erzielung des erwünschten Ausgangszustandes die Funktion, die den Eingangszustand charakterisiert, zu differenzieren ist, das heißt, es ist ihre Ableitung zu bestimmen. Der Differentialoperator wird durch das Symbol $\frac{d}{dt}$ oder einfach durch D bezeichnet. Aus der Differentialrechnung ist bekannt, daß die Definition der Ableitung der Linearität der Transformation genügt, da $D\,c\,x = c\,D\,x$ und $D\,(x + v) = D\,x + D\,v$ ist.

3. Der *Integraloperator*. Er beruht darauf, daß der Ausgangszustand als Ausgangsfunktion bzw. als Integral des Eingangszustands $x = f(t)$ gewonnen wird. Dieser Operator wird durch das unbestimmte Integralzeichen $\int \ldots dt$ symbolisiert. Er ist ein linearer Operator, da man bekanntlich die Konstante vor das Integralzeichen ziehen kann und da außerdem das Integral der Summe gleich der Summe der Integrale ist.

4. Der Operator der Bildung der *endlichen Differenzen* (*Differenzenoperator*). Er wird durch das Symbol Δ bezeichnet. Die Bedeutung dieses Operators besteht in folgendem: Wenn sich eine Menge möglicher Eingangswerte des Systems als Folge darstellen läßt, also in der Form $x_1, x_2, \ldots x_n$, so verwandelt der Differenzenoperator den Eingangszustand x_i in die Differenz $x_{i+1} - x_i$, das heißt $\Delta x_i = x_{i+1} - x_i$. Dieser Operator ist linear, da $\Delta c\, x_i = c\, x_{i+1} - c\, x_i = c\,(x_{i+1} - x_i) = c\, \Delta x_i$, bzw. $\Delta\,(x_i + v_i) = x_{i+1} + v_{i+1} - x_i - v_i = \Delta x_i + \Delta v_i$.

5. Der *Summenoperator*. Er wird durch das Summenzeichen $\sum$ ausgedrückt. Er beruht einfach darauf, die Eingangszustände über einen bestimmten Index zu summieren.

6. Der *voreilende Operator*. Wir bezeichnen ihn mit dem Buchstaben E. Läßt sich eine Menge möglicher Werte des Eingangszustandes in Form der Folge $x_1, x_2, \ldots, x_n$ schreiben, so wandelt der voreilende Operator den Eingangszustand x_i in den Ausgangszustand x_{i+1} um, folglich gilt $E\, x_i = x_{i+1}$.

7. Der *nacheilende Operator*. Entsprechend dem voreilenden Operator wandelt er den Eingangszustand x_i in den Ausgangszustand x_{i-1} um. Wir bezeichnen ihn mit E^{-1}, und es gilt $E^{-1}\, x_i = x_{i-1}$. Man kann sich leicht davon überzeugen, daß auch die drei zuletzt genannten Operatoren linear sind.

In der Technik heißen die diesen grundlegenden Operatoren entsprechenden Systeme bzw. Geräte: Proportionalglied (je nach dem Zweck entweder Verstärkungs- oder Dämpfungsglied), Differentialglied oder Differentiator, Integralglied oder Integrator, vorauseilendes bzw. nacheilendes Glied (letzteres wird unter bestimmten Umständen auch als Verzögerungsglied bezeichnet).

Die *Summe zweier Operatoren* läßt sich folgendermaßen definieren:

$$(T_1 + T_2)\, x = T_1\, x + T_2\, x\,. \tag{1.9}$$

Das bedeutet also, daß die Summe der Operatoren T_1 und T_2, die auf x angewandt wird, dasselbe Resultat ergibt wie die Anwendung des Operators T_1 und dann des Operators T_2 auf x und die Addition der beiden Ergebnisse.

Analog definieren wir die *Differenz zweier Operatoren*:

$$(T_1 - T_2)\, x = T_1\, x - T_2\, x\,. \tag{1.10}$$

Die Definition des *Produktes zweier Operatoren* ist durch folgende Gleichung gegeben:

$$T_2 T_1 x = T_2 (T_1 x) . \tag{1.11}$$

Das bedeutet, daß das Produkt der Operatoren T_2 und T_1, angewandt auf x, darauf beruht, zunächst die Transformation T_1 auf x anzuwenden und dann auf das so erzielte Ergebnis die Transformation T_2. Es muß hier allerdings bemerkt werden, daß die Multiplikation von Operatoren nicht immer kommutativ ist. Das heißt, wendet man zuerst die Transformation T_1 auf x an und dann auf das erzielte Resultat die Transformation T_2, so kann das zu anderen Ergebnissen führen, als die Anwendung der Transformation T_2 auf x und dann der Transformation T_1 auf das erzielte Ergebnis [18]).

Die *zweite Potenz* des Operators definieren wir mit Hilfe der Multiplikation gleicher Operatoren:

$$T^2 x = T (T x) . \tag{1.12}$$

Durch Induktion läßt sich leicht die *n-te Potenz* T^n *eines Operators* T für eine natürliche Zahl n definieren, sie bedeutet die n-fache Wiederholung der gleichen Transformation. Das Symbol $\frac{1}{T}$ bzw. T^{-1} bezeichnen wir als *Operator der Umkehrtransformation*. Er hat folgende Bedeutung: Wenn der Operator T den Eingangszustand x in den Ausgangszustand y transformiert, so transformiert der entsprechende Umkehroperator T^{-1} den Eingangszustand y in den Ausgangszustand x, wenn also $y = T x$ ist, so ist $x = T^{-1} y$.

Aus der Definition des Operators T^{-1} gewinnen wir die Definition für die Division von Operatoren:

$$T_1 : T_2 = T_1 \cdot T_2^{-1}. \text{ [19])} \tag{1.13}$$

[18]) Die Multiplikation von Operatoren der proportionalen Transformation ist kommutativ, nicht aber von Transformationsoperatoren, die auf der Multiplikation eines Vektors mit einer Matrix beruhen, obwohl auch eine solche Transformation als eine gewisse Verallgemeinerung der proportionalen Transformation betrachtet werden kann. Genauso ist die Multiplikation von Differentialoperatoren nicht immer kommutativ. Haben wir zum Beispiel die Funktion $f(x, y)$ und bezeichnen wir mit D_x den Differentialoperator nach x und mit D_y den Differentialoperator nach y, so gilt $D_x D_x f(x, y) = D_y D_x f(x, y)$ nur unter bestimmten Voraussetzungen, z. B. wenn die Ableitung $D_x D_y f(x, y)$ stetig ist.

[19]) oder $T_1 : T_2 = T_2^{-1} \cdot T_1$. Wenn T_1 und T_2 nicht vertauschbar sind, so sind beide Definitionen verschieden. Welche jeweils zutrifft, ergibt sich dann aus dem Zusammenhang (Anmerkung der deutschen Redaktion).

Schließlich führen wir noch das Symbol der *identischen Transformation* I ein, die wir auch mit T^0 bezeichnen können. Die identische Transformation verwandelt die Größe x in die gleiche Größe x, das heißt $T^0 x = I x = x$. I ist also ein Transformationsoperator, der eine Multiplikation mit der Zahl 1 vorschreibt. Wenn die Identifikation des Operators I mit seinem Übertragungsfaktor 1 nicht zu Mißverständnissen führt, können wir also $T = 1$ schreiben.

Aus der Definition des Operators der Umkehrtransformation geht hervor, daß

$$T\,T^{-1} = T^{-1}\,T = T^0 = I \tag{1.14}$$

ist, denn wir haben

$$y = T\,x = T\,T^{-1}\,y = y$$

und ebenso

$$x = T^{-1}\,y = T^{-1}\,T\,x = x\,.$$

Die hier definierten Operationen gestatten es, einige der weiter oben aufgezählten grundlegenden linearen Operationen durch andere zu ersetzen. So läßt sich zum Beispiel der Integraloperator durch den Umkehroperator des Differentialoperators ausdrücken. Es gilt nämlich $\int \ldots dt \equiv D^{-1}$.[20])

Desgleichen ist der nacheilende Operator identisch mit dem Umkehroperator des voreilenden Operators, was wir übrigens mit der Bezeichnung E^{-1} bereits ausgedrückt haben.

Den Operator der endlichen Differenzen kann man mit Hilfe des voreilenden Operators ausdrücken. Tatsächlich ist

$$\Delta x_i = x_{i+1} - x_i = E\,x_i - x_i = (E - 1)\,x_i\,,$$

daraus folgt, daß $\Delta \equiv E - 1$ bzw. $E \equiv \Delta + 1$ ist.

Auch der Summenoperator läßt sich durch den voreilenden Operator ausdrücken. Es gilt nämlich folgende Beziehung:

$$\sum_{i=1}^{n} x_i = x_1 + E\,x_1 + E^2\,x_1 + \cdots + E^{n-1}\,x_1$$
$$= (1 + E + E^2 + \cdots + E^{n-1})\,x_1 = \frac{E^n - 1}{E - 1}\,x_1\,.$$

[20]) Hier ist zu beachten, daß die unbestimmte Integration nur bis auf eine additive Konstante bestimmt ist. So ist z. B. $D^{-1}\,D\,(3\,x^2 + 4) = D^{-1}\,6\,x = 3\,x^2 + C$. Wegen $D^{-1}\,D = I$ ist hier also $C = 4$ zu setzen (Anmerkung der deutschen Redaktion).

Wir können also schreiben:

$$\sum_{i=1}^{n} \equiv \frac{E^n - 1}{E - 1}.$$

Somit kann man sich auf drei der oben aufgezählten sieben grundlegenden Operatoren beschränken, die wir als die *elementaren linearen Operatoren* bezeichnen. Die übrigen grundlegenden Operatoren lassen sich sämtlich durch diese elementaren Operatoren ausdrücken. Als elementare Operatoren gelten demnach der Proportionalitätsoperator, der Differentialoperator und der voreilende Operator.

Wir beweisen nun, daß die Grundformel der Regelungstheorie für alle Transformationen zutrifft, die in Regelstrecken und Reglern stattfinden, auf die lineare Operatoren angewandt werden.

Wir nehmen an, daß in einer Regelstrecke eine beliebige Transformation $y + S\,x$ stattfindet, wobei der Transformationsoperator ein linearer Operator ist. Schalten wir nun vermittels einer Rückkopplung den Regler R ein, in dem die Transformation $\Delta x = R\,y$, ebenfalls nach einem linearen Operator, abläuft, so haben wir einen Regelkreis mit folgender Gesamttransformation:

$$y = S\,(x + R\,y) = S\,x + S\,R\,y$$

bzw.

$$y - S\,R\,y = S\,x\,.$$

Daraus ergibt sich, daß $(I - S\,R\,)\,y = S\,x$, oder, indem wir für I eine 1 schreiben

$$y = \frac{S}{1 - S\,R}\,x\,.$$ [21])

Das ist die Grundformel der Regelungstheorie. Wir haben also bewiesen, daß diese Formel zutrifft, wenn die Operatoren S und R linear sind.

Die moderne Regelungs- und Steuerungstheorie stützt sich in erster Linie auf diese Grundformel der Regelungstheorie. Man geht dabei von der Annahme aus, daß die in der Regelstrecke und im Regler stattfindenden Transformationen nach linearen Operatoren ablaufen. Eine

[21]) Hier wurde vorausgesetzt, daß der Umkehroperator von $I - S\,R$ existiert. Der Quotient $\frac{S}{1 - S\,R}$ steht hier symbolisch für $(I - S\,R)^{-1}\,S$ (Anmerkung der deutschen Redaktion).

Steuerung bzw. eine Regelung, die auf dieser Voraussetzung beruht, heißt *lineare Steuerung* bzw. *lineare Regelung*.

In mathematischer Hinsicht bedeutend komplizierter ist die *Theorie der nichtlinearen Operatoren*, auf die wir jedoch hier nicht näher eingehen werden.

Aus dem Beweis der Grundformel der Regelungstheorie ist zu ersehen, worin die Vorteile der Operatorenrechnung bestehen. Es erweist sich nämlich, daß sich mit den Operatoren bestimmte mathematische Operationen ausführen lassen, wobei die Formeln so gewonnen werden, als ob Operatoren Zahlen wären. Das hat dazu geführt, daß man den Operatoren bestimmte Zahlen oder auch Vektoren zuordnen kann. Wir betrachten noch einmal die Transformation $y = T\,x$, wo x und y Zahlen oder Vektoren sind. Dann können wir symbolisch schreiben $T = \frac{y}{x}$. Das ist ein Verhältnis zweier Zahlen oder Vektoren, das dem Operator T zugeordnet ist. Dieses Verhältnis bezeichnen wir als *Übertragungsfaktor des Operators* oder kurz als Übertragungsfaktor der Transformation $y = T\,x$.

In einem Regelkreis haben wir es mit dem Übertragungsfaktor der Regelstrecke $S = \frac{y}{x}$ und dem Übertragungsfaktor des Reglers $R = \frac{\Delta x}{y}$ zu tun. Die Grundformel der Regelungstheorie zeigt uns nun, daß ein zusammengesetztes System, das aus Regelstrecke und Regler besteht, durch ein einziges System ausgedrückt werden kann, in dem eine Transformation $y = T\,x$ mit dem Übertragungsfaktor $T = \frac{y}{x} = \frac{S}{1 - S\,R}$ stattfindet. Diesen Übertragungsfaktor bezeichnen wir wie bisher als Übertragungsfaktor des Regelkreises, obwohl es sich hier offensichtlich um den Übertragungsfaktor von Operatoren handelt.

6. Die kybernetische Interpretation der Operationen mit Operatoren

Wir betrachten den Fall, in dem ein gewisser Zustand x gleichzeitig der Eingang zweier Systeme mit den linearen Operatoren T_1 bzw. T_2 ist, und das Resultat des Zustandes x die beiden Ausgangszustände y_1 und y_2 sind, die zu einem Ausgangszustand y zusammengefaßt werden. Eine solche Kopplung zweier Systeme bezeichnen wir als *Parallelkopplung* (Abb. 13).

Mathematisch stellt sich diese Transformation folgendermaßen dar:

$$y_1 = T_1 x \quad \text{und} \quad y_2 = T_2 x ,$$

woraus folgt:

$$y = y_1 + y_2 = T_1 x + T_2 x = (T_1 + T_2) x .$$

Das Ergebnis läßt sich in Form einer einzigen Transformation darstellen:

$$y = T x , \quad \text{wo} \quad T = T_1 + T_2 .$$

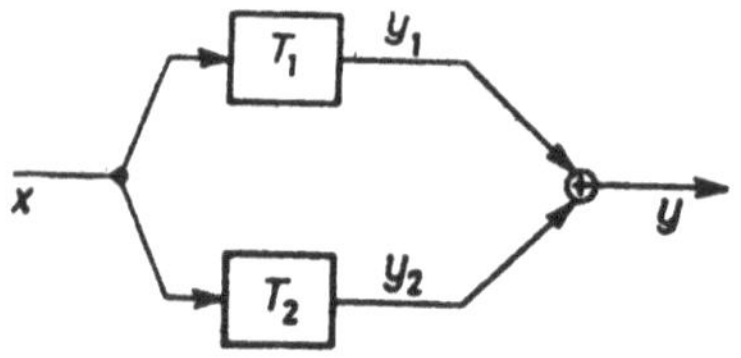

Abb. 13

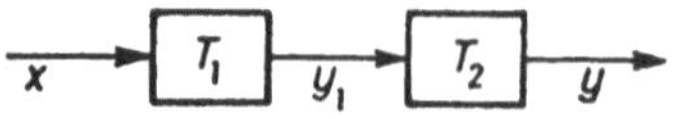

Abb. 14

Wir können somit folgenden Satz aufstellen: *Ein Operator einer Transformation, in der zwei Systeme parallel gekoppelt sind, ist gleich der Summe der Operatoren der einzelnen Systeme.*

Diese Behauptung läßt sich durch Induktion auf eine endliche sowie eine abzählbar unendliche Menge von Systemen verallgemeinern, die parallel gekoppelt sind.

Wir wenden uns nun der sogenannten *Reihenkopplung* zweier Systeme mit den linearen Operatoren T_1 und T_2 zu, wie sie in Abb. 14 dargestellt ist. Bei der Reihenkopplung ist der Ausgang des ersten Systems der Eingang des zweiten Systems. Wir haben also folgende Beziehungen: $y_1 = T_1 x$ und $y = T_2 y_1$. Setzen wir die erste Transformation für y_1 in die zweite ein, so erhalten wir $y = T_2 T_1 x$. Das ist gleichwertig mit einer einzigen Transformation $y = T x$, deren Operator $T = T_2 T_1$ ist.

Wir können somit folgenden Satz aufstellen: *Ein Operator, der einer Reihenkopplung zweier Systeme entspricht, ist gleich dem Produkt der Operatoren dieser Systeme.* Auch diese Behauptung läßt sich durch Induktion auf eine beliebige endliche oder abzählbar unendliche Menge in Reihe gekoppelter Systeme verallgemeinern.

In der Technik heißt die Reihenkopplung bei einer großen Anzahl von Systemen auch *Kaskadenschaltung*. Diese Bezeichnung rührt daher, daß bei dieser Art von Kopplung die Transformation des anfänglichen Eingangswertes eine Reihe von „Stufen“ durchläuft, die eben das Gesamtsystem in Reihenschaltung ausmachen.

Da man nun, wie wir bereits gesehen haben, den linearen Operatoren den Übertragungsfaktor der Operatoren der entsprechenden Transformationen zuordnen kann, lassen sich die beiden oben formulierten Sätze auch folgendermaßen ausdrücken: *1. Der Übertragungsfaktor eines Systems von parallel gekoppelten Systemen ist gleich der Summe der Übertragungsfaktoren dieser Systeme. 2. Der Übertragungsfaktor eines Systems von in Reihe gekoppelten Systemen ist gleich dem Produkt der Übertragungsfaktoren dieser Systeme.*

Wir untersuchen nun eine dritte Art der Kopplung, die uns schon bekannt ist, nämlich die *Rückkopplung*. Sie ist in Abb. 15 dargestellt.

Wir bezeichnen die Transformationen in zwei miteinander rückgekoppelten Systemen mit $y = T_1 x$ und $\Delta x = T_2 y$. Wir erhalten dann die uns schon bekannte Formel:

$$y = \frac{T_1}{1 - T_1 T_2} x .$$

Sie ist gleichbedeutend mit einer einzigen Transformation $y = T x$, wo $T = \frac{T_1}{1 - T_1 T_2}$. Die Rückkopplung zweier Systeme führt also dazu, daß der Operator des ersten Systems T_1 mit dem Ausdruck $\frac{1}{1 - T_1 T_2}$ multipliziert wird. Dieser „Multiplikator" ist der „*Operator der Rückkopplung*". Wenn es sich dabei um proportionale Transformationen handelt, so ist dieser Operator dem Rückkopplungsfaktor gleichwertig, den wir bereits weiter oben besprochen hatten.

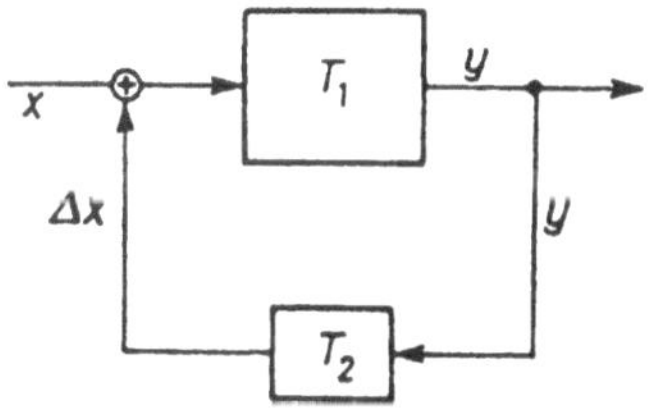

Abb. 15

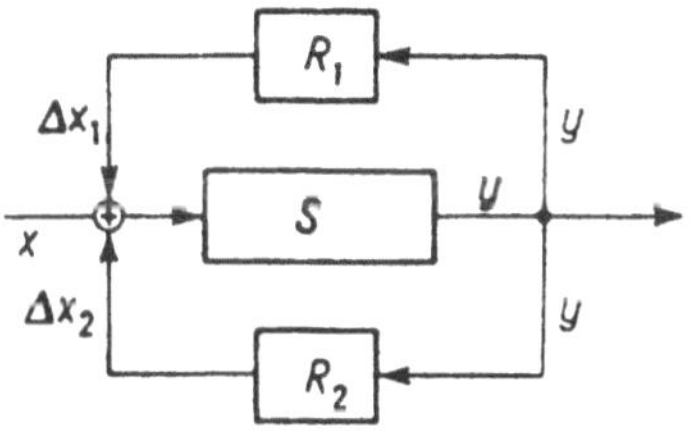

Abb. 16

Wir untersuchen nun zwei komplizierte Kopplungen von Systemen. Im ersten Falle nehmen wir an, daß eine Regelstrecke mit dem Operator S mit zwei weiteren Systemen rückgekoppelt ist. Das heißt, wir haben zwei Regler mit den entsprechenden Operatoren R_1 und R_2 (s. Abb. 16). Wir führen nun die Operatorenrechnung durch. Das Gesamtergebnis eines solchen zusammengesetzten Regelungssystems läßt sich in Form einer einzigen Transformation schreiben, nämlich als $y = T\,x$. Wenn wir mit $\Delta_1 x$ und $\Delta_2 x$ den Ausgangszustand des ersten bzw. des zweiten Reglers bezeichnen, das heißt, wenn $\Delta_1 x = R_1\,y$ und $\Delta_2 x = R_2\,y$, so erhalten wir:

$$y = S\,(x + \Delta_1 x + \Delta_2 x) = S\,(x + R_1\,y + R_2\,y)$$
$$= S\,x + S\,R_1\,y + S\,R_1\,y\,.$$

Daraus ergibt sich:

$$y\,(1 - S\,R_1 - S\,R_2) = S\,x$$

oder

$$y = x\,\frac{S}{1 - S\,(R_1 + R_2)} \tag{1.15}$$

Es erweist sich, daß in diesem Fall der resultierende Operator des gesamten Regelungssystems folgende Form hat:

$$T = \frac{S}{1 - S\,(R_1 + R_2)}\,.$$

Das erhaltene Ergebnis ist also das gleiche, als ob zwei parallel gekoppelte Regler durch einen Regler mit dem Operator $R = R_1 + R_2$ ersetzt worden wären. Das heißt, daß man anstelle zweier parallel gekoppelter Regler einen einzigen Regler verwenden kann, dessen Übertragungsfaktor gleich der Summe der Übertragungsfaktoren der einzelnen Regler ist. Diese Behauptung läßt sich auf eine beliebige endliche oder abzählbar unendliche Menge parallel gekoppelter Regler verallgemeinern.

In einem weiteren Falle nehmen wir an, daß der Regelkreis aus zwei in Reihe gekoppelten Regelstrecken mit den entsprechenden Operatoren S_1 und S_2 besteht, wobei jede Regelstrecke mit einem rückgekoppelten Regler versehen ist, die ihrerseits die Operatoren R_1 bzw. R_2 haben (s. Abb. 17). Den Eingangszustand der ersten Regelstrecke bezeichnen wir dabei mit x_1, ihren Ausgangszustand mit y_1 und den Ausgangszustand der zweiten Regelstrecke mit y.

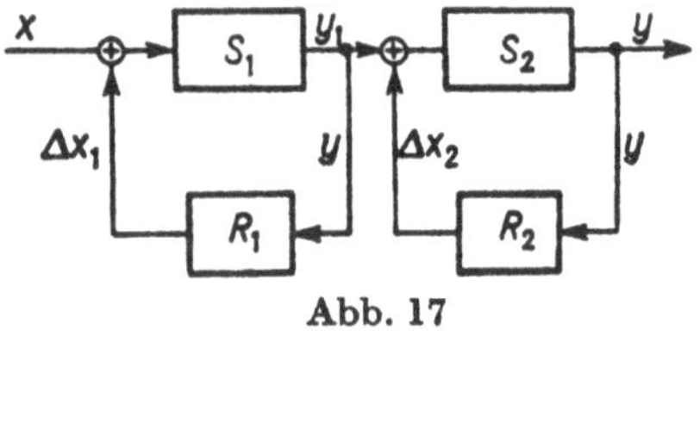

Abb. 17

Das Gesamtergebnis, das sich aus dem Funktionieren dieses zusammengesetzten Systems ergibt, schreiben wir in Form einer einzigen Transformation $y = T\,x$. Unter Berücksichtigung des zweiten, weiter oben aufgestellten Satzes erhalten wir:

$$y_1 = \frac{S_1}{1 - S_1 R_1} x \quad \text{und} \quad y = \frac{S_2}{1 - S_2 R_2} y_1 .$$

Das Ergebnis ist dann:

$$y = \frac{S_2}{1 - S_2 R_2} \cdot \frac{S_1}{1 - S_1 R_1} x . \tag{1.16}$$

Somit ergibt sich für den resultierenden Operator des von uns untersuchten Regelkreises:

$$T = \frac{S_2}{1 - S_2 R_2} \cdot \frac{S_1}{1 - S_1 R_1} .$$

Für die hier besprochenen Fälle komplizierterer Systeme lassen sich ebenfalls konkrete ökonomische Beispiele anführen. Das Nationaleinkommen, aufgefaßt als Gesamtsumme der in der Volkswirtschaft geleisteten Zahlungen, kann in drei Summanden zerlegt werden: $Y = C + I + A$, wo C der Umfang der Konsumtion ist, I die sekundären Investitionen, also Investitionen, die von der Größe des Nationaleinkommens abhängen[21]) und A die unabhängigen Investitionen, die also in ihrem Umfang nicht von der Höhe des Nationaleinkommens beeinflußt werden.

Wir nehmen nun weiter an, daß $C = c_1 Y$ und $I = c_2 Y$, wobei sowohl für den Konsumtionskoeffizienten als auch für den Koeffizienten der sekundären Investitionen gilt, daß $0 < c_1 < 1$ bzw. $0 < c_2 < 1$. Außerdem nehmen wir an, daß $c_1 + c_2 < 1$.

Dann erhalten wir:

$$Y = c_1 Y + c_2 Y + A$$

und daraus wiederum

$$Y = \frac{1}{1 - (c_1 + c_2)} A . \tag{1.17}$$

[21]) In der kapitalistischen Wirtschaft bestimmt die Größe des Nationaleinkommens die Rentabilität der Produktion, von der wiederum der Umfang der sekundären Investitionen abhängt. In der sozialistischen Wirtschaft existiert zwischen den Investitionen und dem Nationaleinkommen ein direkter funktioneller Zusammenhang, da die Erreichung eines gewissen Einkommensnivoaus die Planung der entsprechenden Investitionen ermöglicht.

Aus dieser Formel ist ersichtlich, daß der Operator der in unserem komplizierten System stattfindenden Transformation $y = T\,A$ die Form $T = \frac{1}{1 - (c_1 + c_2)}$ hat. In diesem Ausdruck ist der Faktor $\frac{1}{1 - (c_1 + c_2)}$ eine erweiterte Form des Keynesschen Multiplikators. Das Blockschaltbild dieses Systems finden wir in Abb. 18. Es zeigt uns, daß in der Regelstrecke eine identische proportionale Transformation stattfindet, die den Operator $S = 1$ hat. Das bedeutet, daß sich

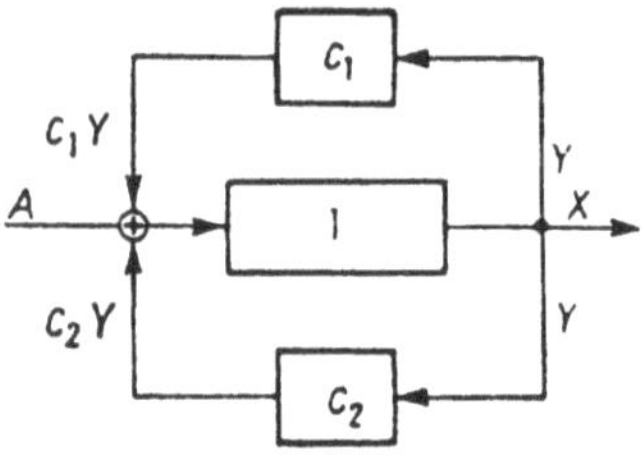

Abb. 18

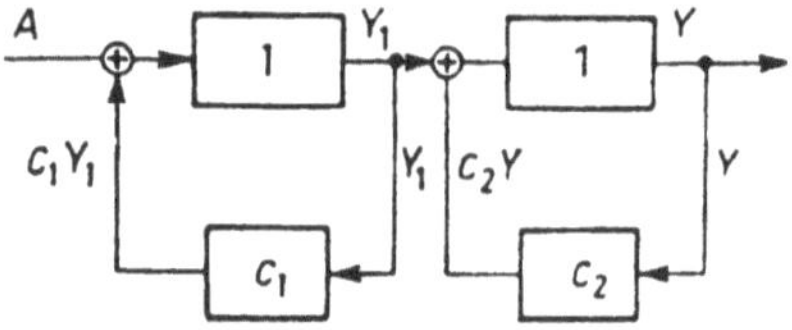

Abb. 19

die unabhängigen Investitionen in ihrer vollen Höhe in Einkommen umwandeln. Mit der Regelstrecke sind zwei Regler mit den Operatoren c_1 und c_2 parallel gekoppelt. Wie sich aus den weiter oben angestellten Überlegungen ergibt, läßt sich eine derartige Kombination von Systemen durch ein System ersetzen, das aus einer Regelstrecke und einem einzigen Regler mit dem Operator $c_1 + c_2$ besteht. Nun nimmt der Keynessche Multiplikator wieder seine übliche Form an, nämlich $\frac{1}{1 - c}$, allerdings mit dem Unterschied, daß c hier die Summe aus dem Konsumtionskoeffizienten und dem Koeffizienten der sekundären Investitionen ist.

Ein System, das aus zwei in Reihe gekoppelten Regelstrecken mit jeweils dem Operator $S = 1$ besteht und in dem jede Regelstrecke einen Regler mit den Operatoren c_1 bzw. c_2 hat (Abb. 19), läßt sich ökonomisch anhand des folgenden Beispiels veranschaulichen. In der ersten Regelstrecke und dem zu ihr gehörigen Regler wird folgende Transformation ausgeführt:

$$Y_1 = c_1\,Y_1 + A \qquad \text{oder} \qquad Y_1 = \frac{1}{1 - c_1}\,A\,.$$

Dieses System soll ein Land darstellen, das einen Auslandskredit in Höhe von $c_2\,Y_1$ nutzt. Dieser Kredit ist also dem im Lande erzielten Nationaleinkommen proportional. Dieser zusätzliche Faktor, das heißt dieser Auslandskredit, bewirkt eine Transformation, die in der zweiten Regelstrecke abläuft, nämlich $Y = Y_1 + c_2 Y$, bzw. $Y = \frac{1}{1 - c_2} Y_1$.

Setzen wir in die letzte Formel für Y_1 den Ausdruck $\frac{1}{1 - c_2} A$ ein, so erhalten wir:

$$Y = \frac{1}{1 - c_2} \cdot \frac{1}{1 - c_1} A . \tag{1.18}$$

Wie wir sehen, hat der resultierende Operator des von uns untersuchten zusammengesetzten Systems die Form $T = \frac{1}{1 - c_2} \cdot \frac{1}{1 - c_1}$. Er ist also das Produkt der Faktoren der beiden in Reihe gekoppelten Regelstrecken.

Aus den weiter oben angestellten Überlegungen lassen sich einige verallgemeinernde Schlußfolgerungen ziehen. Interpretiert man die Wirkung von Operatoren, die verschiedene Arten von Kopplungen darstellen, kybernetisch, so läßt sich immer ein resultierender Operator ermitteln, der die Wirkung der gesamten Menge von Systemen zusammenfaßt. Daraus folgt, daß jedes System, dessen Operator sich als Summe, Differenz, Produkt oder Quotient anderer Operatoren darstellen läßt, eigentlich eine Menge von Systemen ist, die auf ganz bestimmte Weise miteinander gekoppelt sind.

Im vorigen Paragraphen hatten wir gezeigt, daß sich die grundlegenden linearen Operatoren auf drei elementare Operatoren zurückführen lassen, nämlich auf

1) den Proportionalitätsoperator, das heißt auf die Multiplikation des Eingangszustandes mit der Zahl k;
2) den Differentialoperator D und
3) den voreilenden Operator E.

Alle anderen linearen Operatoren lassen sich als Ergebnis bestimmter algebraischer Operationen mit diesen elementaren Operatoren darstellen.

So erhalten wir z. B. durch Anwendung der Umkehrtransformation:

1) den Proportionalitätsoperator mit dem Übertragungsfaktor k^{-1};
2) den Integraloperator D^{-1} und
3) den nacheilenden Operator E^{-1}.

Systeme, in denen ausschließlich Transformationen stattfinden, die durch elementare oder ihnen entsprechende Umkehroperatoren bestimmt werden, heißen *elementare Systeme* oder *Elemente*.

Auf diese Weise werden also alle linearen Systeme auf ein Element oder eine Menge von Elementen reduziert, die auf ganz bestimmte Art und Weise miteinander gekoppelt sind; denn jede algebraische Operation mit Operatoren kann als entsprechende Kopplung von Elementen interpretiert werden.

Wir geben nun die kybernetische Interpretation des Operators der Umkehrtransformation, der durch das Zeichen T^{-1} bezeichnet wird. Die Umkehrtransformation besagt, daß $x = T^{-1} y$ ist, wenn $y = T x$ ist. Als Blockschaltbild läßt sich das folgendermaßen darstellen:

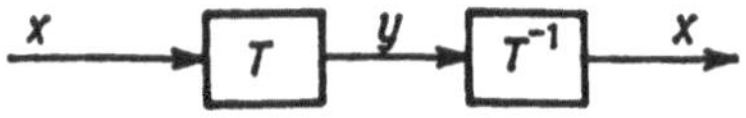

Abb. 20

Wir erhalten also $T^{-1} T = I$, das heißt, das Produkt des Operators T mit dem Operator T^{-1} ist der Operator der identischen Transformation I, die x in x transformiert.

Abschließend noch einige Worte zur Bedeutung der *Null-Transformation* in einem kybernetischen Blockschaltbild. Sie läßt sich in folgender Form schreiben:

$$y = (T - T)\,x = 0\,,$$

wobei T ein beliebiger Operator ist.

Schematisch ist sie in Abb. 21 dargestellt. Wie aus diesem Blockschaltbild zu entnehmen ist, besteht die Null-Transformation darin,

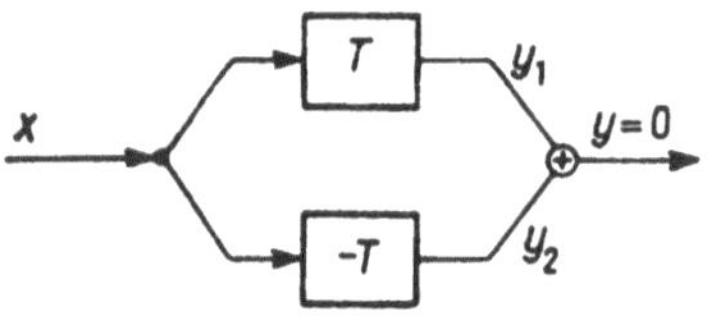

Abb. 21

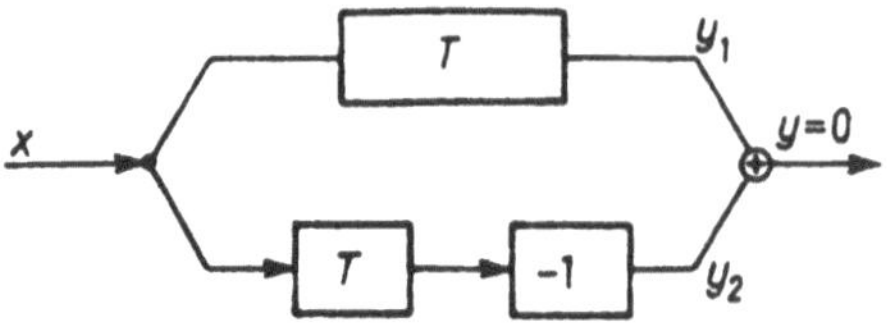

Abb. 22

ein System mit dem Operator T mit einem anderen System mit dem Operator $-T$ parallel zu koppeln. Der Operator $-T$ läßt sich seinerseits wiederum als Reihenkopplung interpretieren, die aus einem System mit dem Operator T und einem weiteren System mit dem Proportionalitätsoperator -1 besteht. Somit erhalten wir für die Null-Transformation ein Blockschaltbild, wie es in Abb. 22 gezeigt ist. Wenn wir T als elementaren Operator annehmen, besteht es ausschließlich aus elementaren Systemen.

KAPITEL II

Kybernetische Schemata der Reproduktionstheorie

1. Das Schema der einfachen Reproduktion

In diesem Abschnitt beschäftigen wir uns mit der kybernetischen Analyse und Interpretation der Reproduktionsschemata von Karl Marx. Wir untersuchen dieses Problem zunächst anhand einer Volkswirtschaft, die wir als Einheit betrachten. Dann führen wir eine Gliederung der Volkswirtschaft in zwei Abteilungen ein, und schließlich betrachten wir den allgemeinen Fall, das heißt eine Volkswirtschaft, die aus n Zweigen besteht.

Das Bruttoprodukt X, ausgedrückt in Werteinheiten, kann als Summe dreier Summanden definiert werden:

$$X = c + (v + m) . \tag{2.1}$$

Der erste Summand c bezeichnet die Aufwendungen an Produktionsmitteln, die für die Herstellung des Produktes X erforderlich sind, und die Summe $(v + m)$ sind die Aufwendungen an lebendiger Arbeit[1]).

Wir führen nun in unsere Überlegungen den sogenannten *Koeffizienten der Aufwendungen an Produktionsmitteln* und den *Koeffizienten der Aufwendungen an lebendiger Arbeit* ein, die durch folgende Formeln bestimmt werden:

$$a_c = \frac{c}{X} \quad \text{und} \quad a_{v+m} = \frac{v+m}{X} . \tag{2.2}$$

Dabei ist $a_c + a_{v+m} = 1$.

Nun läßt sich Formel (2.1) folgendermaßen schreiben:

$$X = a_c X + (v + m)$$

bzw.

$$(1 - a_c) X = v + m .$$

[1]) Die Aufteilung der Aufwendungen an lebendiger Arbeit in die Bestandteile v und m ist hier belanglos.

Daraus ergibt sich:

$$X = \frac{1}{1 - a_c}(v + m). \tag{2.3}$$

Aus der Form der Gleichung (2.3), die die Wertbildung ausdrückt, ist ersichtlich, daß in dem Prozeß der Wertbildung eine gewisse Rückkopplung vorhanden ist. Tatsächlich entspricht diesem Prozeß das kybernetische Blockschaltbild in Abb. 23.

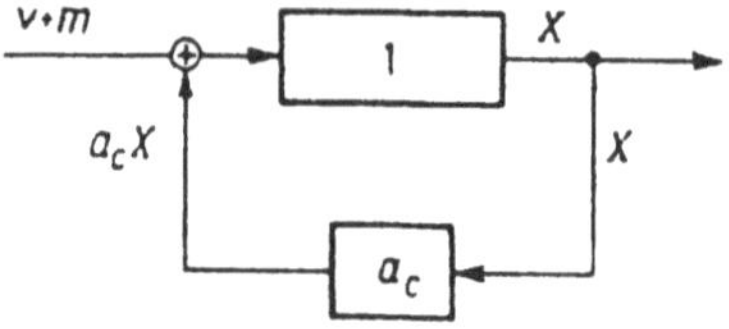

Abb. 23

Aus diesem Schema geht hervor, daß sich die lebendige Arbeit in das Produkt X umwandelt, und zwar über eine identische Transformation, die mit dem Symbol 1 zu kennzeichnen ist. Mit der Regelstrecke ist ein Regler, der den Proportionalitätsoperator a_c hat, gekoppelt. Er hat seine Existenz der Tatsache zu verdanken, daß ein Teil des Produktes X zur Wiederbeschaffung der aufgewandten Produktionsmittel verwendet werden muß. Die in diesem Regelkreis ablaufende Transformation wird durch Formel (2.3) wiedergegeben.

Wir nehmen nun an, daß die Volkswirtschaft in zwei Abteilungen zerfällt: in Abteilung I, die Produktion von Produktionsmitteln, und in Abteilung II, die Produktion von Konsumtionsmitteln. Die Formeln, die das Bruttoprodukt in den beiden Abteilungen der Volkswirtschaft ausdrücken, schreiben wir wie folgt:

$$\left.\begin{aligned} X_1 &= c_1 + (v_1 + m_1) = a_{1c} X_1 + (v_1 + m_1) \\ X_2 &= c_2 + (v_2 + m_2) = c_2 + a_{2(v+m)} X_2 . \end{aligned}\right\} \tag{2.4}$$

In den Formeln (2.4) ist a_{1c} der Koeffizient der Aufwendungen an Produktionsmitteln in Abteilung I und $a_{2(v+m)}$ der Koeffizient der Aufwendungen an lebendiger Arbeit in Abteilung II. Wir kennen das Gleichgewichtsverhältnis der einfachen Reproduktion:

$$c_2 = v_1 + m_1 . \tag{2.5}$$

Diese Bedingung besagt, daß der Wert der Produktionsmittel, die Abteilung II aus Abteilung I bezieht, das heißt $v_1 + m_1$, dem Wert der aus Abteilung II in Abteilung I überführten Konsumtionsmittel[2]), das heißt c_2 gleich sein muß.

Aus den Gleichungen (2.4) erhalten wir die umgeformten Gleichungen, die die Bruttomenge der Produktionsmittel und die Bruttomenge der Konsumtionsmittel angeben:

$$\left.\begin{aligned} X_1 &= \frac{1}{1 - a_{1c}}(v_1 + m_1) \\ X_2 &= \frac{1}{1 - a_{2(v+m)}} c_2 \,. \end{aligned}\right\} \tag{2.6}$$

Diese Formeln entsprechen den Transformationen, die für Abteilung I in Abb. 24 und für Abteilung II in Abb. 25 dargestellt sind.

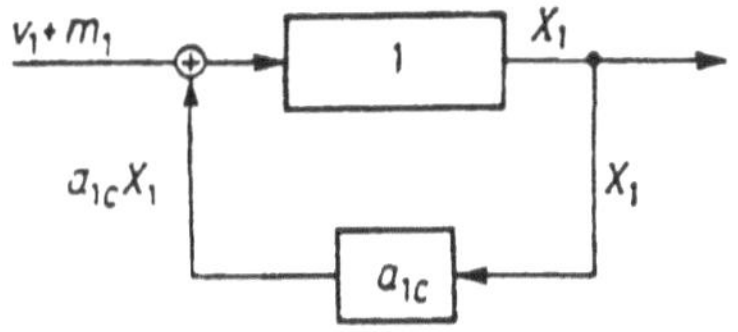

Abb. 24

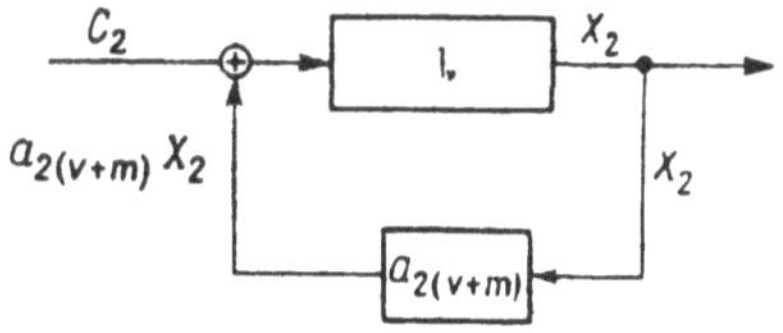

Abb. 25

Anhand der Formeln (2.6) berechnen wir nun das Verhältnis des Wertes des Bruttoproduktes in den beiden Unterabteilungen. Unter Berücksichtigung der Gleichgewichtsbedingung (2.5) und der Tatsache, daß

$$a_{2c} + a_{2(v+m)} = \frac{c_2}{X_2} + \frac{v_2 + m_2}{X_2} = 1 \,,$$

erhalten wir:

$$\frac{X_1}{X_2} = \frac{1 - a_{2(v+m)}}{1 - a_{1c}} = \frac{a_{2c}}{1 - a_{1c}} \,.$$

Daraus ergibt sich:

$$X_1 = \frac{a_{2c}}{1 - a_{1c}} \cdot X_2 \,. \tag{2.7}$$

Die Transformation (2.7) läßt sich ebenfalls als Blockschaltbild darstellen (s. Abb. 26). Diese schematische Darstellung wollen wir nun ökonomisch interpretieren.

[2]) Eine genauere Darstellung findet sich in dem Buch von O. Lange, Teoria reprodukcji i akumulacji, PWN Warszawa 1961, S. 36ff.

Wir nehmen an, es sollen X_2 Einheiten Konsumtionsmittel produziert werden. Zu bestimmen ist dann, welche Menge von Produktionsmitteln erforderlich ist, um die Ausgeglichenheit der einfachen Reproduktion zu sichern. Für die Herstellung von X_2 Einheiten Konsumtionsmitteln sind $c_2 = a_{2c} X_2$ Einheiten Produktionsmittel erforderlich, wobei a_{2c} der Koeffizient der Aufwendungen an Produktionsmitteln in Abteilung II ist. Diese Transformation findet in einem System mit dem Operator a_{2c} statt. Nun benötigen wir aber für die Herstellung von $c_2 = a_{2c} X_2$ Produktionsmitteln wiederum eine gewisse Menge von Produktionsmitteln, so daß also das von uns untersuchte System mit einer in Reihe gekoppelten Rückkopplung (Regler) ausgestattet sein muß, die, wie aus Formel (2.7) hervorgeht, den Operator $a_{1c} = \frac{c_1}{X_1}$ hat. Dieser Operator ist gleich den Aufwendungen an Produktionsmitteln in Abteilung I.

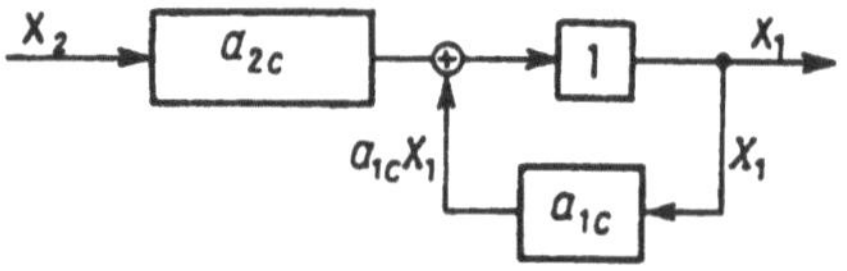

Abb. 26

Auf ähnliche Weise läßt sich das Verhältnis des Bruttoproduktes in Abteilung II zum Bruttoprodukt in Abteilung I bestimmen:

$$\frac{X_2}{X_1} = \frac{a_{1(v+m)}}{1 - a_{2(v+m)}},$$

und daraus folgt:

$$X_2 = \frac{a_{1(v+m)}}{1 - a_{2(v+m)}} X_1 . \qquad (2.8)$$

Das der Transformation (2.8) entsprechende Blockschaltbild ist in Abb. 27 dargestellt.

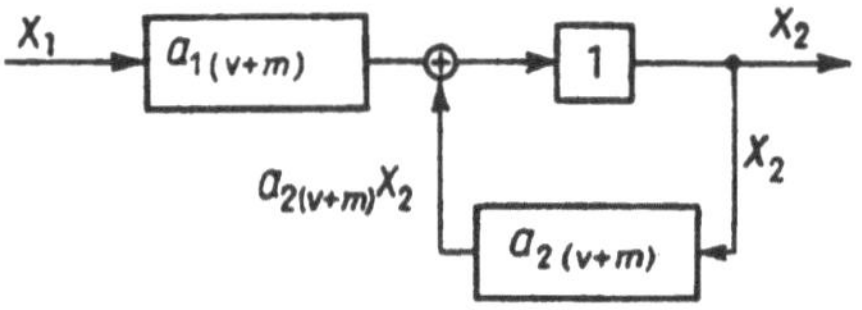

Abb. 27

Wir interpretieren nun Formel (2.8) und Blockschaltbild 27 ökonomisch. Wir nehmen an, es sollen X_1 Einheiten Produktionsmittel hergestellt werden, und wir wollen feststellen, wieviel Konsumtionsmittel für die Realisierung dieses Planes benötigt werden. Um X_1 Einheiten Produktionsmittel herzustellen, brauchen wir unbedingt $v_1 + m_1 = a_{1(v+m)} X_1$ Einheiten Konsumtionsmittel. Für die Herstellung eben dieser Konsumtionsmittel benötigen wir aber wiederum eine zusätzliche Menge Konsumtionsmittel. Deshalb muß auch dieses System einen rückgekoppelten Regler mit dem Operator $a_{2(v+m)} = \frac{v_2 + m_2}{X_2}$ enthalten, der also gleich dem Koeffizienten der Aufwendungen an lebendiger Arbeit in Abteilung II ist.

2. Das Schema der erweiterten Reproduktion

Wir wenden uns nun der kybernetischen Analyse der Schemata der erweiterten Reproduktion zu und nehmen zu diesem Zweck wie im vorigen Paragraphen an, daß die Volkswirtschaft aus zwei Abteilungen bestehe.

Das Marxsche Schema läßt sich für den Fall der erweiterten Reproduktion wie folgt schreiben:

$$\left.\begin{aligned} c_1 + v_1 + m_{1c} + m_{1v} + m_{10} &= X_1 , \\ c_2 + v_2 + m_{1c} + m_{2v} + m_{20} &= X_2 . \end{aligned}\right\} \qquad (2.9)$$

In der ersten dieser beiden Formeln bezeichnen m_{1c} und m_{1v} die Teile des Wertes des Mehrproduktes[3]) aus Abteilung I, die für die Vergrößerung des Vorrates an Produktionsmitteln und für die Beschäftigung zusätzlicher Arbeitskräfte bestimmt sind; m_{10} ist derjenige Teil des Wertes des Mehrproduktes aus Abteilung I, der nichtproduktiv verbraucht wird. Analoge Bedeutung haben die Größen m_{2c}, m_{2v} und m_{20}. Die restlichen Symbole dieser Formel haben die gleiche Bedeutung wie im vorigen Paragraphen.

Es erweist sich nun als zweckmäßig, die Summanden der linken Seiten von (2.9) in folgender Ordnung zu gruppieren:

$$\left.\begin{aligned} c_1 + m_{1c} + \boxed{v_1 + m_{1v} + m_{10}} &= X_1 \\ \swarrow\!\!\nearrow \qquad & \\ \boxed{c_2 + m_{2c}} + v_2 + m_{2v} + m_{20} &= X_2 . \end{aligned}\right\} \qquad (2.9\,\text{a})$$

[3]) Wir verwenden hier den Terminus „Wert des Mehrproduktes", um Formel (2.9) und die von ihr abgeleiteten Formeln sowohl auf die sozialistische als auch auf die kapitalistische Wirtschaft anwenden zu können.

In der ersten dieser beiden Formeln bezeichnet $c_1 + m_{1c}$ den Gesamtbedarf der Abteilung I an Produktionsmitteln und die Summe $v_1 + m_{1v} + m_{10}$ den Gesamtbedarf dieser Abteilung an Konsumtionsmitteln. Aus der Form von (2.9a) ist zu ersehen, daß auch die Gleichgewichtsbedingung für die erweiterte Reproduktion bekannt ist:

$$c_2 + m_{2c} = v_1 + m_{1v} + m_{10} \,. \qquad (2.10)$$

Diese Beziehung zeigt uns, daß der Bedarf der Abteilung II an Produktionsmitteln $c_2 + m_{2c}$ gleich dem Bedarf der Abteilung I an Konsumtionsmitteln $v_1 + m_{1v}$ ist, und zwar für die bereits beschäftigten Arbeiter und für die Erweiterung der Beschäftigung sowie für die nichtproduktive Konsumtion m_{10} eines Teiles des Wertes des Mehrproduktes.

Wir führen nun folgende Größen ein: $a_{1c} = \frac{c_1}{X_1}$, den Koeffizienten der Aufwendungen von Produktionsmitteln in Abteilung I; $\alpha_{1c} = \frac{m_{1c}}{X_1}$, den Koeffizienten der Akkumulation von Produktionsmitteln in Abteilung I; $a_{2v} = \frac{v_2}{X_2}$, den Koeffizienten der Aufwendungen an lebendiger Arbeit in Abteilung II; $\alpha_{2v} = \frac{m_{2v}}{X_2}$, den Koeffizienten der Akkumulation von variablem Kapital (bzw. Konsumtionsmitteln für die Erweiterung der Beschäftigung) in Abteilung II; $\alpha_{20} = \frac{m_{20}}{X_2}$, das Niveau der nichtproduktiven Konsumtion des Wertes des Mehrproduktes in Abteilung II. Nun können wir die Formeln (2.9a) in folgender Form schreiben:

$$\left.\begin{aligned} a_{1c} X_1 + \alpha_{1c} X_1 + v_1 + m_{1v} + m_{10} &= X_1 \,, \\ c_2 + m_{2c} + a_{2v} X_2 + \alpha_{2v} X_2 + \alpha_{20} X_2 &= X_2 \,. \end{aligned}\right\} \qquad (2.9\text{b})$$

Daraus erhalten wir:

$$\left.\begin{aligned} X_1 &= \frac{1}{1 - (a_{1c} + \alpha_{1c})} (v_1 + m_{1v} + m_{10}) \,, \\ X_2 &= \frac{1}{1 - (a_{2v} + \alpha_{2v} + \alpha_{20})} (c_2 + m_{2c}) \,. \end{aligned}\right\} \qquad (2.11)$$

Auf der Grundlage der Formeln (2.11) läßt sich nun die Wertbildung in den Abteilungen I und II beschreiben, wobei wir die Blockschaltbilder 28 und 29 zu Hilfe nehmen können.

Wie uns Abb. 28 zeigt, wird die Summe $v_1 + m_{1v} + m_{10}$ identisch in das Produkt der Abteilung I transformiert. Ein Teil dieses Produktes verbleibt in Abteilung I. Wie weiter aus der ersten Formel von (2.11) hervorgeht, findet hier eine Transformation statt, die einer Rückkopplung zweier parallel gekoppelter Regler mit den Proportionalitätsoperatoren a_{1c} bzw. α_{1c} entspricht.

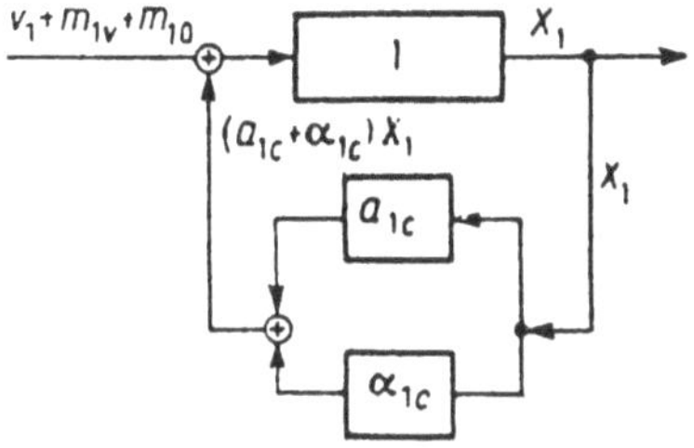

Abb. 28

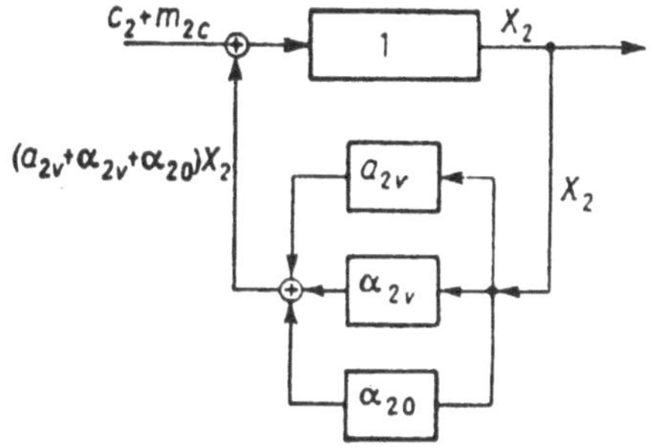

Abb. 29

Ähnlich läßt sich auch das Funktionieren des Regelkreises erklären, der in Abb. 29 dargestellt ist. Allerdings treten hier drei parallel gekoppelte Regler mit den Operatoren a_{2v}, α_{2v} und α_{20} auf.

Auf der Grundlage der Formeln (2.11) können wir das Verhältnis des Bruttoproduktes in Abteilung I zum Bruttoprodukt in Abteilung II berechnen. Berücksichtigt man Bedingung (2.10), also die Gleichgewichtsbedingung der erweiterten Reproduktion, und beachtet man ferner, daß

$$1 - (a_{2v} + \alpha_{2v} + \alpha_{20}) = a_{2c} + \alpha_{2c}$$

ist, so erhält man:

$$\frac{X_1}{X_2} = \frac{a_{2c} + \alpha_{2c}}{1 - (a_{1c} + \alpha_{1c})}.$$

Daraus ergibt sich für X_1:

$$X_1 = \frac{a_{2c} + \alpha_{2c}}{1 - (a_{1c} + \alpha_{1c})} X_2. \tag{2.12}$$

Die Transformation, die durch Formel (2.12) beschrieben wird, ist schematisch in Abb. 30 dargestellt. Wir stellen fest, daß in diesem

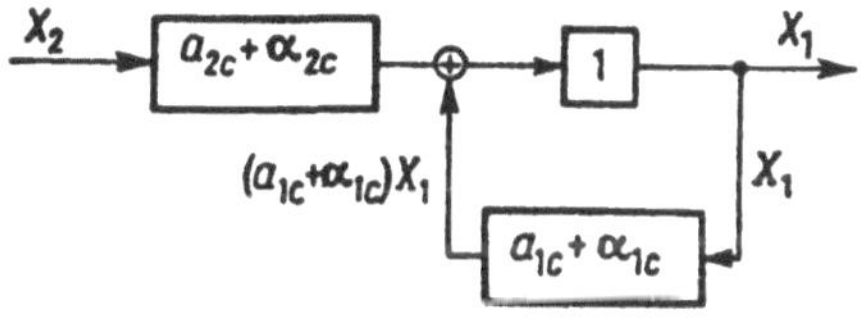

Abb. 30

Blockschaltbild die Regelstrecke mit dem Operator $a_{2e} + \alpha_{2e}$ durch zwei parallel gekoppelte Regelstrecken mit den Operatoren a_{2e} bzw. α_{2e} ersetzt werden kann. Desgleichen läßt sich auch der Regler mit dem Operator $a_{1e} + \alpha_{1e}$ durch zwei parallel gekoppelte Regler mit den Operatoren a_{1e} bzw. α_{1e} ersetzen.

Analog finden wir leicht für X_2:

$$X_2 = \frac{a_{1v} + \alpha_{1v} + \alpha_{10}}{1 - (a_{2v} + \alpha_{2v} + \alpha_{20})} X_1 . \tag{2.13}$$

Auch diese Transformation können wir in einem entsprechenden Blockschaltbild festhalten. Ökonomisch ließen sich die Formeln (2.12) und (2.13) sowie die ihnen entsprechenden Schaltbilder analog den Formeln (2.7) und (2.8) aus dem vorigen Paragraphen interpretieren.

Wir stellen somit fest, daß die Formeln der einfachen Reproduktion (2.7) und (2.8) ein besonderer Fall der Formeln der erweiterten Reproduktion (2.12) und (2.13) sind. Davon kann man sich leicht überzeugen, wenn man in den Formeln (2.12) und (2.13) den Koeffizienten der Akkumulation gleich Null setzt.

Wir haben also nachgewiesen, daß sich die Schemata der einfachen und der erweiterten Reproduktion mit Hilfe der Grundformel der Regelungstheorie erklären lassen. Das ist nicht verwunderlich. Diese Schemata weisen nämlich Rückkopplungen auf, die für Regelungsprozesse charakteristisch sind. Wir haben also gesehen, daß nicht nur die Keynessche Theorie der Bildung des Nationaleinkommens (das dabei als Summe der in der Volkswirtschaft geleisteten Zahlungen aufgefaßt wird), sondern auch die Reproduktionsschemata von Marx auf der Grundlage der allgemeinen Regelungstheorie interpretiert und analysiert werden können.

3. Das multisektorale Reproduktionsschema

Wir befassen uns nun mit der kybernetischen Analyse des Reproduktionsprozesses in einer Volkswirtschaft, die aus n Zweigen besteht. Die dieser Situation entsprechende Tabelle der Produktionsaufwendungen und -ergebnisse, auch als Tabelle der zwischenzweiglichen Beziehungen bekannt, führen wir in folgender Form an:

X_1	$c_{11} \quad c_{12} \ldots c_{1n}$	Y_1
X_2	$c_{21} \quad c_{22} \ldots c_{2n}$	Y_2
....	....	....
X_n	$c_{n1} \quad c_{n2} \ldots c_{nn}$	Y_n
V	$v_1 \quad v_2 \ldots v_n$	
M	$m_1 \quad m_2 \ldots m_n$	
	$X_1 \quad X_2 \ldots X_n$	

In dieser Tabelle haben die angeführten Symbole folgende Bedeutung: $X_1, X_2, \ldots, X_n$ sind die Werte der Bruttoproduktionsausstöße in den Zweigen, c_{ij} $(i, j = 1, 2, \ldots, n)$ die Werte der zwischenzweiglichen Lieferungen von Produktionsmitteln, und zwar aus Zweig i in Zweig j; $Y_1, Y_2, \ldots, Y_n$ die Endprodukte der einzelnen Zweige; $v_1, v_2, \ldots, v_n$ die Aufwendungen an Arbeitskraft in den Zweigen; $m_1, m_2, \ldots, m_n$ die Werte des Mehrproduktes in den Zweigen.

Anhand dieser Tabelle der zwischenzweiglichen Beziehungen lassen sich leicht durch Summierung der Zeilen folgende *Bilanzgleichungen der Verteilung der Produktion* aufstellen:

$$X_i = c_{i1} + c_{i2} + \cdots + c_{in} + Y_i \qquad (i = 1, 2, \ldots, n)\,. \qquad (2.14)$$

Summiert man die Spalten, so erhält man die *Bilanzgleichungen der Produktionsaufwendungen*:

$$X_i = c_{1i} + c_{2i} + \cdots + c_{ni} + v_i + m_i \qquad (i = 1, 2, \ldots, n)\,. \qquad (2.15)$$

Bezeichnet man in dieser letzten Gleichung die Summe $c_{1i} + c_{2i} + \cdots + c_{ni}$ mit c_i, so erhält man folgende Gleichungen:

$$X_i = c_i + v_i + m_i \qquad (i = 1, 2, \ldots, n)\,, \qquad (2.15a)$$

Diese Gleichungen gehören dem gleichen Typ an wie die Schemata von Marx.

Bilden wir aus den rechten Seiten der Gleichungen (2.14) und (2.15) eine neue Gleichung, so erhalten wir die sogenannten *Gleichungen der ausgeglichenen zwischenzweiglichen Beziehungen*, die das Gegenstück zu den Gleichungen des ausgeglichenen Reproduktionsprozesses sind, die von Marx entwickelt wurden.[4])

Führen wir zur Vereinfachung unserer weiteren Überlegungen die sogenannten *Koeffizienten der Aufwendungen an Produktionsmitteln* ein, die durch die Gleichungen

$$a_{ij} = \frac{c_{ij}}{X_i} \qquad (i, j = 1, 2, \ldots, n)$$

bestimmt werden, so lassen sich die Bilanzgleichungen der Produktionsaufwendungen folgendermaßen schreiben:

$$X_i = a_{1i} X_i + a_{2i} X_i + \cdots + a_{ni} X_i + v_i + m_i \qquad (2.16)$$

$$(i = 1, 2, \ldots, n) .$$

Daraus erhalten wir:

$$X_i = \frac{1}{1 - (a_{1i} + a_{2i} + \cdots + a_{ni})} (v_i + m_i) \qquad (i = 1, 2, \ldots, n) . \qquad (2.17)$$

Wenn wir die Summe $a_{1i} + a_{2i} + \cdots + a_{ni}$ mit a_i bezeichnen, dann nehmen die Formeln (2.17) folgende Form an:

$$X_i = \frac{1}{1 - a_i} (v_i + m_i) \qquad (i = 1, 2, \ldots, n) . \qquad (2.18)$$

Sie ähneln in ihrer Form den Ausdrücken (2.6), die ihrerseits einer Transformation entsprechen, die wir erhalten, wenn wir das Schema der einfachen Reproduktion von Marx zugrunde legen.

Die Transformation, die durch Formel (2.17) angegeben wird, läßt sich durch das Blockschaltbild in Abb. 31 darstellen, wobei wir uns den Satz von der Summe der Operatoren zunutze machen können, der besagt, daß die Summe von Operatoren als Kopplung parallel geschalteter Elementarsysteme dargestellt werden kann (vgl. Kapitel I, Abschnitt 6).

Wir untersuchen nun die Bilanzgleichungen der Verteilung der Produktion, die nach der Einführung der Aufwendungskoeffizienten folgende Form annehmen:

$$X_i = a_{i1} X_1 + a_{i2} X_2 + \cdots + a_{ii} X_i + \cdots + a_{in} X_n + Y_i \qquad (2.19)$$

$$(i = 1, 2, \ldots, n)$$

[4]) Eine detailliertere Entwicklung der Theorie der zwischenzweiglichen Beziehungen (multisektoraler Reproduktionsschemata) findet sich in den Büchern von O. Lange, Wstęp do ekonometrii, PWN Warszawa 1961, S. 192ff. und Teoria reprodukcji i akumulacji, PWN Warszawa 1961, S. 61ff.

bzw.

$$X_i(1 - a_{ii}) = \sum_{j \neq i} a_{ij} X_j + Y_i \qquad (i = 1, 2, \ldots, n)\,,$$

woraus folgt:

$$X_i = \frac{1}{1 - a_{ii}} \Big(\sum_{j \neq i} a_{ij} X_j + Y_i \Big) \qquad (i = 1, 2, \ldots, n)\,. \qquad (2.20)$$

Das den Gleichungen (2.20) entsprechende Blockschaltbild finden wir in Abb. 32.

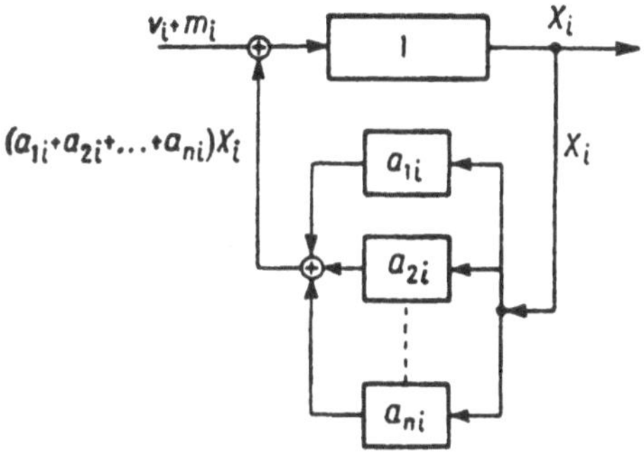

Abb. 31

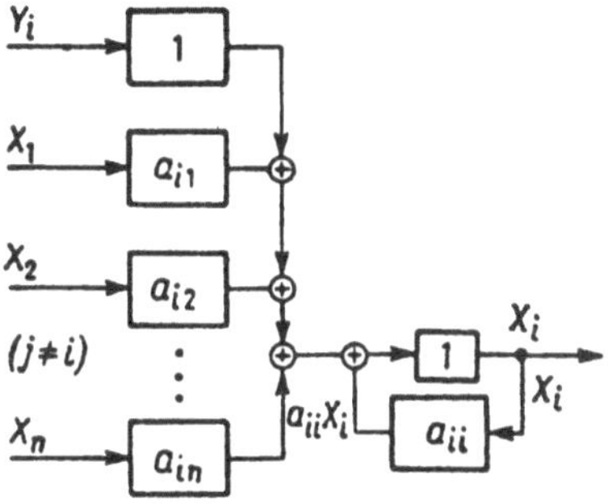

Abb. 32

4. Die Matrizenform der Bilanzgleichungen der Verteilung der Produktion und der Bilanzgleichungen der Produktionsaufwendungen

Wir wollen nun die Bilanzgleichungen der Verteilung der Produktion (2.19) und die Bilanzgleichungen der Produktionsaufwendungen (2.16) in Matrixform schreiben. Unter Verwendung der Aufwendungskoeffizienten nimmt die Tabelle der zwischenzweiglichen Beziehungen folgende Form an:

X_1	$a_{11} X_1 \quad a_{12} X_2 \ldots a_{1n} X_n$	Y_1
X_2	$a_{21} X_1 \quad a_{22} X_2 \ldots a_{2n} X_n$	Y_2
....	....	....
X_n	$a_{n1} X_1 \quad a_{n2} X_2 \ldots a_{nn} X_n$	Y_n
V	$v_1 \quad v_2 \quad \ldots v_n$	
M	$m_1 \quad m_2 \quad \ldots m_n$	
	$X_1 \quad X_2 \quad \ldots X_n$	

Wirft man einen Blick auf diese Tabelle oder auch einfach auf die Gleichungen, so kann man sich leicht davon überzeugen, daß das System der Bilanzgleichungen der Verteilung der Produktion (2.19) folgendermaßen in Matrizenform notiert werden kann:

$$x = A\,x + y\,, \tag{2.21}$$

A ist hier die Matrix der Koeffizienten der Aufwendungen an Produktionsmitteln, x der Vektor der entsprechenden Anteile der Bruttoproduktion und y der Vektor der entsprechenden Anteile des Endproduktes. Also ergibt sich:

$$A = \begin{bmatrix} a_{11} & a_{12} & \dots & a_{1n} \\ a_{21} & a_{22} & \dots & a_{2n} \\ \dots & \dots & \dots & \dots \\ a_{n1} & a_{n2} & \dots & a_{nn} \end{bmatrix} \qquad x = \begin{bmatrix} X_1 \\ X_2 \\ \vdots \\ X_n \end{bmatrix} \qquad y = \begin{bmatrix} Y_1 \\ Y_2 \\ \vdots \\ Y_n \end{bmatrix}.$$

Lösen wir die Matrixgleichung (2.21), so erhalten wir:

$$x - A\,x = y$$

und folglich:

$$x = (I - A)^{-1}\,y\,,$$

was sich auch wie folgt schreiben läßt:

$$x = \frac{1}{I - A}\,y\,. \tag{2.22}$$

Hier ist I die Einheitsmatrix, und die Matrix

$$I - A = \begin{bmatrix} 1 & 0 & \dots & 0 \\ 0 & 1 & \dots & 0 \\ \dots & \dots & \dots & \dots \\ 0 & 0 & \dots & 1 \end{bmatrix} - \begin{bmatrix} a_{11} & a_{12} & \dots & a_{1n} \\ a_{21} & a_{22} & \dots & a_{2n} \\ \dots & \dots & \dots & \dots \\ a_{n1} & a_{n2} & \dots & a_{nn} \end{bmatrix}$$

$$= \begin{bmatrix} 1 - a_{11} & -a_{12} & \dots & -a_{1n} \\ -a_{21} & 1 - a_{22} & \dots & -a_{2n} \\ \dots & \dots & \dots & \dots \\ -a_{n1} & -a_{n2} & \dots & 1 - a_{nn} \end{bmatrix}$$

heißt in der Theorie der zwischenzweiglichen Beziehungen die Leontiewsche Matrix.

Gleichung (2.22) hat wiederum die Form der Grundgleichung der Regelungstheorie, und man kann sie deshalb als Operatorgleichung interpretieren, in der y der Eingangszustand und x der Ausgangszustand ist. Die Transformation beruht hier auf einer Multiplikation mit der Matrix A (das ist eine gewisse Verallgemeinerung der proportionalen Transformation), wobei das Zeichen der Matrix A ebenfalls als Operator dieser Transformation interpretiert werden kann. Das multisektorale kybernetische Schema der Reproduktionstheorie läßt sich folglich durch das in Abb. 33 angegebene Blockschaltbild darstellen, wobei der Operator I die Multiplikation mit der Einheitsmatrix angibt und der Operator A die Multiplikation mit der Matrix der Koeffizienten der Aufwendungen an Produktionsmitteln.

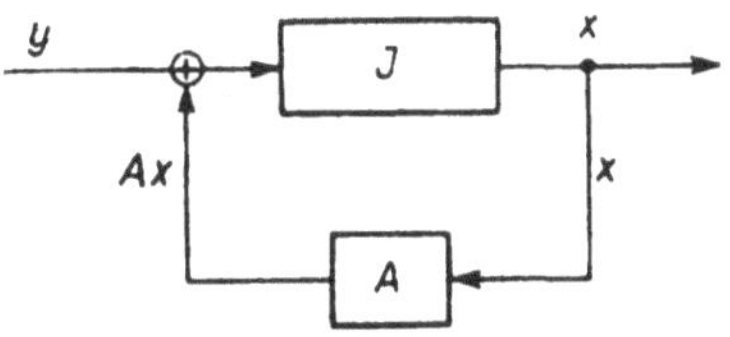

Abb. 33

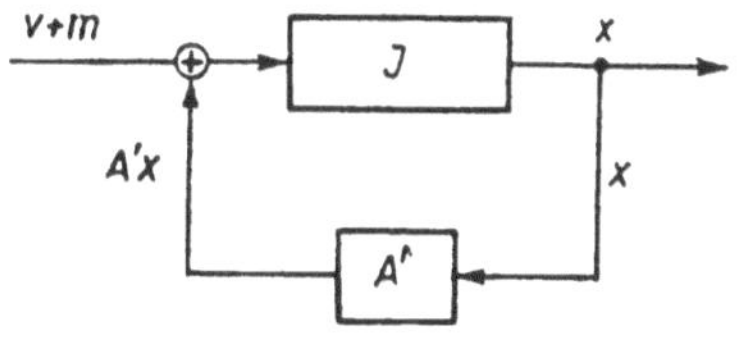

Abb. 34

Eine ähnliche kybernetische Interpretation läßt sich auch für die Bilanzgleichungen der Produktionsaufwendungen (2.16) geben. Diese Gleichungen haben folgende Matrixform:

$$x = A' x + (v + m) , \tag{2.23}$$

wo x, v und m die entsprechenden Vektoren sind und A' die Transponierte der Matrix A.

Durch Lösung der Matrixgleichung (2.23) erhalten wir:

$$(I - A') x = v + m$$

und

$$x = (I - A')^{-1} (v + m) ,$$

was sich auch schreiben läßt als:

$$x = \frac{1}{I - A'} (v + m) . \tag{2.24}$$

Die Bilanzgleichungen der Aufwendungen an Produktionsmitteln lassen sich in ähnlicher Weise lösen wie die Bilanzgleichungen der Verteilung der Produktion. In Formel (2.24) bildet der Eingang das System der lebendigen Arbeit, das in Form des Vektors $v + m$ gegeben ist, und anstelle der Leontiewschen Matrix enthält Formel (2.24) die Transponierte dieser Matrix, da, wie leicht zu sehen ist, $I - A' = (I - A)'$. Das entsprechende kybernetische Blockschaltbild finden wir in Abb. 34.

Kapitel III

Die Dynamik der Regelungsprozesse

1. Die dynamische Interpretation des Keynesschen Multiplikators und des Schemas der Reproduktion

Bei der Erörterung der Dynamik der Regelungsprozesse beginnen wir noch einmal mit der Analyse der Keynesschen Formel $Y = \frac{1}{1-c} A$, in der Y bekanntlich das Nationaleinkommen ist (aufgefaßt als Gesamtsumme aller in der Volkswirtschaft geleisteten Zahlungen), c der Konsumtionskoeffizient und A der Umfang der unabhängigen Investitionen.

Die Formel, mit der Keynes die Entstehung der Gesamtsumme der Zahlungen in der Volkswirtschaft erklärte, war schon vorher von R. F. Kahn und J. M. Clark eingeführt worden.[1]) Sie hatten in ihren Untersuchungen zum Einfluß staatlicher Betriebe auf das Volkseinkommen diese Formel benutzt, allerdings in einer anderen Form, als das später Keynes tat. Die Überlegungen von Kahn und Clark gingen in folgender Richtung: Die in der Volkswirtschaft realisierten unabhängigen Investitionen A verwandeln sich in Einkommen (Gesamtsumme der Zahlungen) Y. Somit ist der anfängliche, unmittelbare Effekt, der durch diese Investitionen erzielt wird, durch die Beziehung $Y_0 = A$ gegeben. Nimmt man nun an, daß die Investitionen die ganze Zeit über das gleiche Niveau A haben und daß die Größe der Konsumtion vom Umfang der im vorangegangenen Zeitabschnitt erzielten Einkommen abhängt, so ergibt sich für das Einkommen im folgenden Zeitabschnitt:

$$Y_1 = A + c\,Y_0 = A + c\,A = A\,(1 + c)\,,$$

wo c der Konsumtionskoeffizient ist.

Und für den nächsten Zeitabschnitt erhalten wir wiederum:

$$Y_2 = A + c\,Y_1 = A\,(1 + c + c^2) \quad \text{usw.}$$

[1]) R. F. Kahn, The Relation of Home Investment to Unemployment, in The Economic Journal 1931, und J. M. Clark, The Economics of Planning Public Works, Washington 1935.

Allgemein ergibt sich für das Einkommen im Abschnitt t

$$Y_t = A + A\,c + \cdots + A\,c^t = A\,(1 + c + c^2 + \cdots + c^t)\,.$$

Nehmen wir nun an, daß die Anzahl der Zeitabschnitte t gegen unendlich geht, und berücksichtigen wir, daß $0 < c < 1$ ist, so erhalten wir als Grenzfall:

$$Y = A\,\frac{1}{1 - c}\,. \tag{3.1}$$

Das aber ist die uns bereits bekannte Formel von Keynes. Der Multiplikator $\frac{1}{1 - c}$ heißt hier wegen seiner Herleitung häufig *dynamischer Multiplikator.*

Aus den hier angeführten Überlegungen von Kahn und Clark geht hervor, daß die Wirkung, die durch die unabhängigen Investitionen in Gang gesetzt wurde, eine unendliche Folge von Zunahmen des Nationaleinkommens einleitet. Der summierte Effekt dieses Prozesses, in dem $0 < c < 1$ ist, geht gegen einen endlichen Grenzwert, der durch Formel (3.1) gegeben ist.

In Kapitel II, Abschnitt 4 hatten wir für das multisektorale Reproduktionsschema folgende Matrixform für die Lösung der Bilanzgleichungen der Verteilung der Produktion angeführt:

$$x = (I - A)^{-1}\,y\,. \tag{3.2}$$

Unter gewissen Bedingungen läßt sich die Umkehrmatrix $(I - A)^{-1}$ als unendliche Reihe darstellen (die sogenannte Neumannsche Reihe):

$$(I - A)^{-1} = I + A + A^2 + \cdots. \tag{3.3}$$

Nun können wir die Lösung des multisektoralen Reproduktionsschemas wie folgt schreiben:

$$x = (I + A + A^2 + \cdots)\,y\,. \tag{3.4}$$

Formel (3.3) läßt sich folgendermaßen beweisen: Multipliziert man beide Seiten der Matrixgleichung (3.3) linksseitig mit der Matrix $(I - A)$, so erhält man:

$$(I - A)\,(I - A)^{-1} = (I - A)\,(I + A + A^2 + \cdots)\,,$$

das heißt:

$$I = I + A + A^2 + \cdots - A - A^2 - A^3 \cdots.$$

Daraus ergibt sich nach Vereinfachung $I = I$, womit Formel (3.3) bewiesen ist.

Liegt eine endliche Reihe $I + A + A^2 + \cdots + A^m$ vor, so erhalten wir:

$$I + A + A^2 + \cdots + A^m = \frac{I - A^{m+1}}{I - A} = (I - A)^{-1}(I - A^{m+1}),$$

da in der Matrizenrechnung bekanntlich mit Ausnahme der Kommutativität der Multiplikation Regeln angewandt werden, die in der Algebra der reellen Zahlen gelten.

Wenn wir annehmen, daß die Matrix der Aufwendungskoeffizienten in die Potenz $m + 1$ erhoben, also die Matrix A^{m+1} für $m \to \infty$ gegen eine Null-Matrix geht, so konvergiert die Matrix $(I - A)^{-1}(I - A^m)$ für $m \to \infty$ gegen die Matrix $(I - A)^{-1}$, und die rechte Seite der Formel (3.3) nimmt einen endlichen Wert an.

Aus der Annahme $A^{m+1} \to 0$ folgt auch $(A')^{m+1} \to 0$.[2]) Tatsächlich folgt aus der Bedingung $A^{m+1} \to 0$, für $m \to \infty$, daß alle Elemente dieser Matrix gegen Null gehen. Somit gehen auch alle Elemente der Matrix $(A')^{m+1}$ gegen Null, so daß also auch diese Matrix gegen eine Null-Matrix konvergiert.

Formel (3.3) wird in der Praxis dazu verwendet, die Werte der Umkehrmatrix der Leontiewschen Matrix näherungsweise zu berechnen, z. B.

$$(I - A)^{-1} \approx I + A + A^2 + A^3 .$$

Mit Formel (3.4) lassen sich die Gleichungen der Verteilung der Produktion durch schrittweise Annäherung lösen, so daß auch hier eine gewisse ökonomische Interpretation möglich ist. Die Lösung $x = (I - A)^{-1} y$ für die Gleichungen der Verteilung der Produktion, die in der Form

$$x = y + A\,y + A^2 y + \cdots \tag{3.5}$$

angeführt wird, läßt sich auf folgende Weise interpretieren: Das anfängliche Bruttoprodukt x ist gleich dem Endprodukt y. Somit ist $x = y$ die erste Näherung in der Lösung des Ausdruckes (3.5). Zur Herstellung des Bruttoproduktes in einem Umfang von y sind Produktionsmittel in der Menge von $A\,y$ erforderlich. Das erfordert aber die nochmalige Herstellung von $A(A\,y) = A^2 y$ Einheiten an Produktionsmitteln usw.

[2]) Das Symbol 0 bezeichnet hier immer die Null-Matrix, d. h. eine Matrix, die nur aus Null-Elementen besteht.

Wir haben hier also eine ökonomische Interpretation für die Entstehung des Bruttoproduktes in der Volkswirtschaft gegeben. Ähnliche Erklärungen finden wir auch in Arbeiten, die sich mit der Analyse der Produktionsaufwendungen und -ergebnisse beschäftigen.

Lösung (3.5) läßt sich auch durch das Blockschaltbild in Abb. 35 erläutern. Nach dem ersten Durchgang des Wertes y durch die Rückkopplung kommt zum ursprünglichen Wert y der Wert $A\,y$ hinzu, der seinerseits nach Durchlaufen der Rückkopplung noch einmal um den Wert $A(A\,y) = A^2\,y$ vergrößert wird usw.

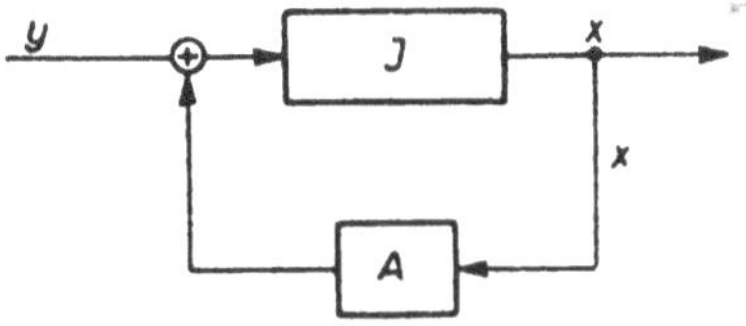

Abb. 35

Die Rückkopplung bringt also einen objektiv unendlichen Prozeß in Gang, der gegen eine endliche Grenze geht, wenn die Matrix A die Eigenschaft $A^m \to 0$ für $m \to \infty$ hat, oder wenn die sukzessiven Zunahmen des Endproduktes $A\,y, A^2\,y, A^3\,y, \ldots$ immer kleiner und schließlich Null werden. Wir stellen also folgendes fest: Wenn diese Eigenschaft vorhanden ist, wenn also die unendliche Reihe (3.3) konvergiert, kann die Lösung der Gleichungen der Verteilung der Produktion auch die Form (3.4) annehmen.

2. Die Konvergenzbedingung für die Matrix A^m

Bei der Untersuchung der Konvergenzbedingung für die eben erwähnte Matrix A^m stützen wir uns auf folgenden Satz der linearen Algebra: Die Matrix A^m konvergiert für $m \to \infty$ gegen eine Nullmatrix, wenn alle charakteristischen Zahlen der Matrix absolut kleiner als 1 sind. Es sei daran erinnert, daß als charakteristische Zahlen oder charakteristische Wurzeln der Matrix A die Zahlen λ bezeichnet werden, für die die Vektorgleichung

$$A\,x = \lambda\,x \tag{3.6}$$

eine Lösung $x \neq 0$ besitzt, die Eigenvektor der Matrix A heißt. Diese Gleichung läßt sich auch in der Form schreiben:

$$(A - \lambda I)\, x = 0\,. \tag{3.7}$$

Die Vektorgleichung (3.6) bzw. (3.7) bildet ein System homogener linearer Gleichungen, das eine von Null verschiedene Lösung hat, wenn die Koeffizientendeterminate dieses Systems gleich Null ist, das heißt wenn

$$|A - \lambda I| = 0\,. \tag{3.8}$$

Das ist die charakteristische Gleichung der Matrix A. Die λ, die diese Gleichung erfüllen, heißen die charakteristischen Zahlen der Matrix.

Multiplizieren wir Gleichung (3.6) linksseitig mit der Matrix A, so erhalten wir:

$$A^2 x = \lambda A x \qquad \text{bzw.} \qquad A^2 x = \lambda(\lambda x)\,,$$

das heißt:

$$A^2 x = \lambda^2 x\,.$$

Diese letzte Gleichung ist erfüllt, wenn die Determinante

$$|A^2 - \lambda^2 I| = 0 \tag{3.9}$$

ist. Fahren wir in ähnlicher Weise fort, so finden wir, daß die charakteristische Gleichung der Matrix A^m die Form $A^m x = \lambda^m x$ hat und lösbar ist, wenn die Determinante

$$|A^m - \lambda^m I| = 0 \tag{3.10}$$

ist.

Aus Gleichung (3.10) geht hervor, daß die charakteristischen Zahlen der Matrix A^m die m-te Potenz der charakteristischen Zahlen der Matrix A sind. Da der Eigenvektor $x \neq 0$ ist, folgt aus der Gleichung $A^m x = \lambda^m x$, daß λ^m gegen Null geht, wenn A^m gegen Null geht. Es läßt sich umgekehrt zeigen, daß A^m gegen Null geht, wenn λ_i^m für jede charakteristische Zahl λ_i von A gegen Null geht. Eine notwendige und hinreichende Bedingung dafür, daß $A^m \to 0$ für $m \to \infty$, besteht also darin, daß $|\lambda_i| < 1$ für alle charakteristischen Zahlen λ_i von A ist.

Aus diesen Überlegungen gewinnen wir als notwendige und zugleich hinreichende Konvergenzbedingung der Reihe $I + A + A^2 + \cdots$, daß alle charakteristischen Zahlen der Matrix A^m dem Betrage nach kleiner als 1 sein müssen.

Da die charakteristischen Zahlen der Matrix auch die charakteristischen Zahlen der Transponierten der Matrix A, also der Matrix A'

sind, ist die oben angeführte Bedingung auch notwendig und hinreichend für die Konvergenz der Reihe $I + A' + (A')^2 + \cdots$.

Wir untersuchen nun, welche ökonomische Bedeutung die Bedingung $|\lambda_i| < 1$ hat. Anhand der Formel (3.6) können wir feststellen, daß $A^m x = \lambda A^{m-1} x$. Infolgedessen läßt sich (3.5) auch folgendermaßen schreiben:

$$x = y + (1 + \lambda + \lambda^2 \ldots) A y .^{3)}$$

Wenn $|\lambda| < 1$, so nehmen die Absolutwerte der sukzessiven Zuwachsbeträge im Verhältnis $|\lambda|$ ab. Die Absolutwerte der charakteristischen Zahlen λ_i sind also die *Koeffizienten der Verminderung* der sukzessiven Zunahme des Bruttoprodukts, die infolge der Rückkopplung eintritt.

3. Die dynamische Interpretation der Grundformel der Regelungstheorie

Die Lösungen, die in den vorangegangenen Paragraphen gewonnen wurden, lassen sich auch für eine dynamische Interpretation der Grundformel der Regelungstheorie $y = \frac{S}{1 - SR}$ ausnutzen. Wir können nämlich analog annehmen, daß der Rückkopplungsoperator $\frac{1}{1 - SR}$, der die Wirkung des Reglers ausdrückt, als Summe der unendlichen geometrischen Reihe

$$\frac{1}{1 - SR} = 1 + SR + (SR)^2 + (SR)^3 + \cdots, \qquad (3.11)$$

aufgefaßt werden kann. Diese Formel trifft dann zu, das heißt, diese Reihe ist dann konvergent, wenn der „absolute Betrag" von SR kleiner als 1 ist, also wenn $|SR| < 1$.

Die Bedeutung des Symbols $|SR|$ wurde zwar noch nicht für den allgemeinen Fall präzisiert, doch kennen wir seine Bedeutung bereits für spezielle Fälle. Findet zum Beispiel in der Regelstrecke und im Regler eine proportionale Transformation statt und entsprechen S und R reellen Zahlen, mit denen der Eingangszustand multipliziert wird, so hat $|SR|$ eine ganz bestimmte Bedeutung: Es gibt die Multiplikation mit dem absoluten Betrag eines Produktes an, das aus zwei reellen Zahlen gebildet ist. Das Symbol $|SR|$ ist auch dann definiert, wenn der

[3]) Das trifft nur zu, wenn y ein Eigenvektor der Matrix A ist (Anmerkung der deutschen Redaktion).

Operator S und R eine Multiplikation mit einer komplexen Zahl bezeichnet, da es in der Mathematik den Begriff des absoluten Betrags (Moduls) einer komplexen Zahl gibt, auf den man hier zurückgreifen kann.

Es hat allerdings keinen Sinn, im allgemeinen Falle vom absoluten Betrag der Operatoren zu sprechen, da das Operatorsymbol T, das die Transformation des Eingangszustandes x in den Ausgangszustand y definiert, eine Verfahrensregel ist, der natürlich nicht unbedingt eine reelle Zahl entsprechen muß. Wir benötigen also irgendeine allgemeine Interpretation des Begriffes absoluter Betrag des Operators. Mit dieser Interpretation wollen wir uns nun beschäftigen.

Die Transformation $y = T\,x$ läßt sich symbolisch auch als $T = \frac{y}{x}$ notieren. Diese Schreibweise zeigt uns, daß man jedem Operator das bestimmte Verhältnis $\frac{y}{x}$, nämlich den Übertragungsfaktor des Systems, zuordnen kann. Dieser Übertragungsfaktor stellt aber ein Verhältnis zweier Zahlen oder zweier Vektoren dar. Da der absolute Betrag (Modul) eines Vektors eine reelle Zahl ist, kann man also immer vom Absolutwert des Übertragungsfaktors eines Systems sprechen $\frac{|y|}{|x|} = \left|\frac{y}{x}\right|$. Somit führt uns die symbolische Schreibweise $T = \frac{y}{x}$ dazu, den absoluten Betrag des Operators als absoluten Betrag seines Übertragungsfaktors zu definieren.

Der so definierte absolute Betrag des Operators ist in der Regel jedoch eine Veränderliche, da der Eingangszustand x und der Ausgangszustand y in der Regel ebenfalls Veränderliche sind. Sie können zum Beispiel Funktionen der Zeit sein, $x(t)$ bzw. $y(t)$, oder auch von anderen Veränderlichen abhängen. Um zu einer eindeutig definierten konstanten Größe zu gelangen, die dem Operator zugeordnet wird, nehmen wir die obere Grenze des absoluten Betrags $\left|\frac{y}{x}\right|$. Für stetige lineare Operatoren existiert immer eine solche obere Grenze.[4]) Wir definieren also den absoluten Betrag des Operators, der auch als seine *Norm* bezeichnet wird, als

$$||T|| = \text{obere Grenze von } \left|\frac{y}{x}\right|. \tag{3.12}$$

[4]) Vgl. zum Beispiel Vulich, Vvedenie v funkcional'nyj analiz, Moskva 1958, S. 198.

Auf diese Weise wird jedem Operator eindeutig eine nicht negative reelle Zahl als Norm zugeordnet.[5])

Es zeigt sich somit, daß für $m \to \infty$ $(S\,R)^m \to 0$, wenn $|S\,R| < 1$, das heißt, wenn die entsprechende obere Grenze des Übertragungsfaktors kleiner als 1 ist. Nun ist die Summe der unendlichen Reihe $1 + (S\,R) + (S\,R)^2 + (S\,R)^3 + \cdots = \frac{1}{1 - S\,R}$ bzw. $y = [1 + (S\,R) + (S\,R)^2 + \cdots]\,S\,x = \frac{S}{1 - S\,R}\,x$, was mit den in Abschnitt 2 erzielten Ergebnissen übereinstimmt. Wie wir sehen, beruht die Wirkung des Reglers darauf, sukzessive Zusatzbeträge (positive und negative) für die Ausgangsgröße y des Regelungssystems zu schaffen. Der Anfangswert des Ausgangszustandes ist $S\,x$, er vergrößert sich zunächst um den Betrag $(S\,R)\,x$, dann um $(S\,R)^2\,x$ usw. Diese Reaktion tritt ein, weil der Ausgangszustand der Regelstrecke über den rückgekoppelten Regler immer wieder auf den Eingangszustand der Regelstrecke zurückwirkt. Ist dabei $|S\,R| < 1$, so werden die Zuwachsbeträge immer kleiner, und ihre Summe konvergiert.

Die Konvergenzbedingung der auf der rechten Seite von (3.11) auftretenden Reihe läßt sich ebenfalls mit Hilfe der charakteristischen Zahlen des Operators $S\,R$ definieren. Ähnlich wie bei den Matrizen bestimmen wir die charakteristischen Zahlen des Operators T als Zahlenwerte des Parameters λ, für die eine von Null verschiedene Lösung der Gleichung

$$T\,x = \lambda\,x\,, \tag{3.13}$$

existiert, wo die Größe x eine Zahl, ein Vektor oder auch eine Funktion sein kann. Diese Gleichung kann auch in der Form

$$(T - \lambda\,I)\,x = 0 \tag{3.13a}$$

geschrieben werden.

Gleichung (3.13a) hat folgende Bedingung für das Vorhandensein einer Nichtnull-Lösung:

$$T - \lambda\,I = 0\,, \tag{3.14}$$

was bedeutet, daß der Operator $T - \lambda\,I$ ein Nulloperator ist. Es ist dies die charakteristische Gleichung des Operators T. Die Werte des

[5]) Als obere Grenze einer Menge von reellen Zahlen bezeichnen wir die reelle Zahl g, für die folgendes gilt: 1. Keine Zahl dieser Menge ist größer als g; 2. Jede Zahl, die kleiner als g ist, ist kleiner als mindestens eine Zahl dieser Menge.

Parameters, die die charakteristische Gleichung erfüllen, sind die charakteristischen Zahlen des Operators T.

Ähnlich wie bei der Matrix finden wir durch sukzessives Einsetzen in die Gleichung (3.13), daß $T^m x = \lambda^m x$. Bei $x \neq 0$ geht folglich T^m dann und nur dann mit zunehmendem m gegen Null, wenn $\lambda^m \to 0$. Das tritt ein, wenn $|\lambda| < 1$ für alle möglichen Werte der charakteristischen Zahlen[6]). Dann ist die Reihe $I + T + T^2 + \cdots$ konvergent, und ihre Summe ist $\frac{1}{I - T}$, das heißt $(I - T)^{-1}$.

Unter Verwendung der charakteristischen Zahlen λ läßt sich der Operator der Rückkopplung (3.11) in folgender Form schreiben[7]):

$$\frac{1}{1 - SR} = 1 + (1 + \lambda + \lambda^2 + \cdots) SR,$$

und für die Grundformel der Regelungstheorie erhalten wir:

$$y = Sx + [(1 + \lambda + \lambda^2 + \cdots) SR] Sx. \tag{3.15}$$

Wenn $|\lambda| < 1$, dann ist $|\lambda|$ der Koeffizient der Verminderung der sukzessiven Änderungen des Ausgangszustandes der Regelstrecke, die infolge der Reglerwirkung auftreten.

Wir sind also im Ergebnis unserer Untersuchungen zu dem Schluß gekommen, daß Regelungssysteme, dynamisch aufgefaßt, als unendliche Prozesse sukzessiver Rückwirkungen betrachtet werden können, die immer schwächer werden und deren Summe einen endlichen Effekt ergibt. Um jedoch die Dynamik dieser Prozesse vollständig darstellen

[6]) Im Falle der Matrix ist die Anzahl der charakteristischen Zahlen endlich (bzw. abzählbar, wenn die Matrix unendlich ist). Im allgemeinen Falle der linearen Operatoren kann die Anzahl der charakteristischen Zahlen unendlich und sogar nicht abzählbar sein. So können zum Beispiel die Werte, die die charakteristische Gleichung erfüllen, eine stetige Funktion irgendeiner Veränderlichen s bilden, so daß die charakteristischen Zahlen ein stetiges Spektrum der Funktion $\lambda(s)$ sind. Zur Veranschaulichung dieser Behauptung nehmen wir einmal an, daß die Größe x eine Funktion $x(s)$ der Veränderlichen s sei, die eine stetige erste Ableitung $x'(s)$ hat. Der Operator T soll wiederum der Differenzierungsoperator D sein. Dann erhalten wir anstelle der Gleichung (3.13) $Dx(s) = \lambda x(s)$, bzw. $x'(s) = \lambda x(s)$, und daraus ergibt sich, daß $\lambda = \frac{x'(s)}{x(s)}$ eine stetige Funktion von s ist.

[7]) Das trifft wieder nur zu, wenn der Operator auf einen Eigenvektor oder auf eine Eigenfunktion zur charakteristischen Zahl λ angewandt wird. Siehe auch Fußnote 3 Seite 67. (Anmerkung der deutschen Redaktion).

zu können, muß gezeigt werden, wie sie in der Zeit ablaufen. Da bisher mit den entsprechenden Formeln ausschließlich die Endergebnisse der einzelnen Stadien des Prozesses berechnet wurden, brauchte der Zeitfaktor nicht ausdrücklich berücksichtigt zu werden. Die Zeit muß jedoch eingeführt werden, sobald man den zeitlichen Ablauf des Regelungsprozesses untersuchen will.

4. Der Ablauf des Regelungsprozesses in der Zeit

Wir zeigen nun anhand eines Beispiels, wie sich die Dynamik des Regelungsprozesses vollständig erfassen läßt. Zu diesem Zwecke analysieren wir noch einmal die Wirkungsweise des Keynesschen Multiplikators. Wir gliedern die Zeit, auf die das Wachstum des Nationaleinkommens bezogen wird, in die endlichen Zeitabschnitte 1, 2, 3, . . . Das Nationaleinkommen und die Ausgaben für Konsumtionsmittel, die auf diese einzelnen Zeitabschnitte entfallen, bezeichnen wir mit Y_0, Y_1, Y_2, . . . bzw. mit C_0, C_1, C_2, . . . Nehmen wir nun wie weiter oben an, daß das Niveau der unabhängigen Investitionen A und der Konsumtionskoeffizient c keinerlei Veränderungen unterliegen und daß die Ausgaben für Konsumtionszwecke eine Funktion der Einkommen des vorangegangenen Zeitabschnittes sind, so erhalten wir folgendes System von Rekursionsgleichungen, die den Umfang des Nationaleinkommens in den einzelnen Zeitabschnitten zum Ausdruck bringen (das Nationaleinkommen wird dabei wiederum als Summe der in der Volkswirtschaft geleisteten Zahlungen aufgefaßt):

$$\begin{aligned} Y_0 &= A \\ Y_1 &= A + c\,Y_0 \\ Y_2 &= A + c\,Y_1 \\ &\ldots\ldots \end{aligned}$$

Allgemein erhalten wir also folgende Differenzengleichung:

$$Y_t = A + c\,Y_{t-1}\,, \qquad (3.16)$$

in der t die ganzzahligen Werte 1, 2, 3, . . . annimmt.

Diese Gleichung läßt sich auch in der Form

$$Y_t = A + C_t \qquad (3.17)$$

schreiben, wo $C_t = c\,Y_{t-1}$ ist.

Durch sukzessives Einsetzen erhalten wir folgende Gleichungen:

$$Y_2 = A + c\,Y_1 = A + A\,c + A\,c^2$$

$$Y_3 = A + c\,Y_2 = A + A\,c + A\,c^2 + A\,c^3 \quad \text{usw.},$$

bzw. in allgemeiner Form:

$$Y_t = A + A\,c + A\,c^2 + \cdots + A\,c^t = A\,(1 + c + c^2 + \cdots + c^t)\,.$$

Wenn $t \to \infty$, so $Y_t \to A\,\frac{1}{1-c}$ (da $0 < c < 1$), wo der Ausdruck $\frac{1}{1-c}$, wie wir bereits wissen, als dynamischer Keynesscher Multiplikator bezeichnet wird. Auf diese Weise haben wir noch einmal gezeigt, daß die Bildung des Nationaleinkommens in ihrer Dynamik gegen einen endlichen Wert geht.

Wir behandeln nun ein anderes Verfahren, mit dem sich die Bildung des Nationaleinkommens in seiner Dynamik erfassen läßt. Zu diesem Zweck setzen wir voraus, daß dieser Prozeß einen gewissen Gleichgewichtszustand besitzt, das heißt, ein solches Einkommensniveau, das sich nicht mehr verändert, sobald es einmal erreicht ist. Dieser Gleichgewichtszustand genügt folgendem Ausdruck:

$$Y_t = c\,Y_t - A\,.$$

Die Lösung dazu ist

$$\hat{Y}_t = \frac{1}{1-c}\,A\,.$$

Wir untersuchen nun die Abweichungen der Y_t vom Gleichgewichtszustand $\hat{Y}_t$. Bezeichnen wir diese Abweichungen mit $\overline{Y}_t$, so erhalten wir:

$$\overline{Y}_t = Y_t - \hat{Y}_t = Y_t - \frac{1}{1-c}\,A\,. \tag{3.18}$$

Daraus ergibt sich:

$$\overline{Y}_t = Y_t - \frac{A}{1-c} = A + c\,Y_{t-1} - \frac{A}{1-c} = c\left(Y_{t-1} - \frac{A}{1-c}\right) = c\,\overline{Y}_{t-1}\,,$$

wo $Y_{t-1} - \frac{A}{1-c}$ die Abweichung von Y_{t-1} vom Gleichgewichtszustand $\hat{Y}_t = \frac{A}{1-c}$ ist.

Auf diese Weise erhalten wir die sogenannte reduzierte Differenzengleichung

$$\overline{Y}_t = c\,\overline{Y}_{t-1}\,, \tag{3.19}$$

die eine Vereinfachung der Differenzengleichung (3.16) darstellt, da in (3.19) das konstante Glied A nicht mehr auftritt. Die reduzierte Differenzengleichung ist homogen, was ihre Lösung erleichtert. Gleichung (3.19) läßt sich leicht durch sukzessive Berechnung der Veränderlichen $Y_1, Y_2, \ldots$ lösen, das heißt im Rekursionsverfahren. Wir erhalten dann:

$$\overline{Y}_1 = c\,\overline{Y}_0\,,$$

$$\overline{Y}_2 = c\,\overline{Y}_1 = c^2\,\overline{Y}_0\,,$$

bzw. in allgemeiner Form

$$\overline{Y}_t = c^t\,\overline{Y}_0\,. \tag{3.20}$$

Wir analysieren nun die so gewonnene Lösung, in der $\overline{Y}_0$ die anfängliche Abweichung vom Gleichgewichtszustand bedeutet. Würde sich das System gleich zu Anfang im Zustand des Gleichgewichts befinden, das heißt, wäre $\overline{Y}_0 = 0$, so würde es ständig im Gleichgewicht beharren, da dann $\overline{Y}_t = 0$ für jeden Zeitabschnitt t gelten würde.

Wir nehmen nun an, in der Volkswirtschaft sei irgendeine Störung aufgetreten, die zu einer Abweichung des Nationaleinkommens (immer aufgefaßt als Gesamtsumme aller Zahlungen) vom Gleichgewichtszustand führt, so daß also $\overline{Y}_0 \neq 0$.

Dann ist bekanntlich $\overline{Y}_t = c^t\,\overline{Y}_0$ und

$$\lim_{t\to\infty} \overline{Y}_t = \overline{Y}_0 \lim_{t\to\infty} c^t\,. \tag{3.21}$$

Wenn

$$|c| < 1\,, \quad \text{so} \quad \overline{Y}_t \to 0\,.$$

Das bedeutet, daß die Störung des Gleichgewichtszustandes mit der Zeit automatisch überwunden wird. Solche Systeme bezeichnen wir als *stabil*. Ist hingegen $|c| > 1$, so gilt $\overline{Y}_t \to \infty$, wenn $t \to \infty$. Das bedeutet, daß die Störung ständig zunimmt, also kumulativ ist. Solche Systeme bezeichnen wir als *nichtstabil*.

In dem von uns untersuchten Falle haben wir $0 < c < 1$, also ist das System stabil.

Der in unserem System ablaufende dynamische Prozeß, bestimmt durch Gleichung (3.18), läßt sich auch graphisch darstellen. Abb. 36 zeigt diesen Prozeß für den Fall, daß $0 < c < 1$ ist.

In einem rechtwinkligen Koordinatensystem wird auf der Abszissenachse die Größe des Nationaleinkommens abgetragen und auf der Ordinatenachse die Größe der Konsumtion und der unabhängigen Investitionen. Die Funktion der Konsumtion $C_t = c\,Y_{t-1}$ bildet eine Gerade, die durch den Koordinatenursprung verläuft und mit einem Winkel, der kleiner als 45° ist $(0 < c < 1)$, gegen die positive x-Achse geneigt ist. Der Koordinatenabschnitt OA ist die Größe der unabhängigen Investitionen A. Daraus ergibt sich, daß für das anfängliche Nationaleinkommen $Y_0 = OM$ die Größe der Konsumtion $C_1 = c\,Y_0$ durch die Ordinate MW bestimmt wird und das Nationaleinkommen $Y_1 = C_1 + A$ durch die Ordinate $MP = c\,Y_0 + A$ (die

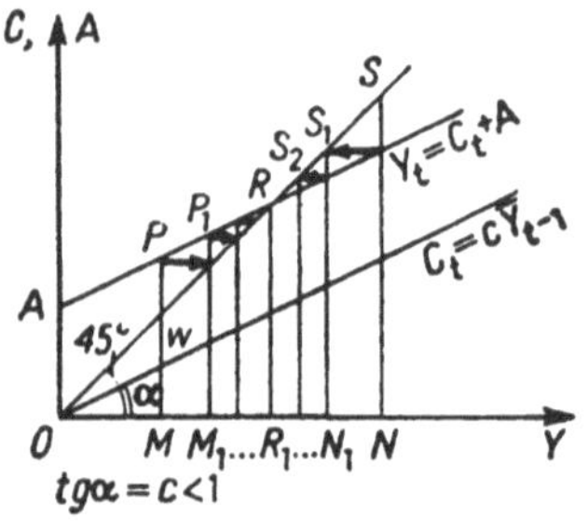

Abb. 36

Gerade AP verläuft parallel zur Geraden OW). Wenn wir nun mit Hilfe der Geraden OR, die durch den Koordinatenursprung geht und mit der positiven x-Achse einen Winkel von 45° bildet, die Strecke OM_1 abtragen, die gleich MP ist (also gleich der Größe des Nationaleinkommens Y_1 im ersten Jahre), so haben wir die Größe des Nationaleinkommens im zweiten Jahr $Y_2 = C_2 + A = c\,Y_1 + A$. Diese Größe ist gleich der Strecke M_1P_1. Setzen wir diese Operation fort, so stellen wir fest, daß wir uns von links immer mehr dem Gleichgewichtspunkt R nähern, dem das Nationaleinkommen im Gleichgewichtszustand $\hat{Y} = R_1 R = OR_1$ entspricht.

Auf ähnliche Weise können wir auch den Fall untersuchen, wenn das Nationaleinkommen zum Anfangszeitpunkt größer ist als im Gleichgewichtszustand $\hat{Y}$. Wenn $t \to \infty$, so nähert sich auch in diesem Falle das Nationaleinkommen dem Gleichgewichtszustand, diesmal allerdings von rechts.

Daraus ergibt sich, daß das von uns untersuchte System stabil ist, da jede Abweichung vom Gleichgewichtszustand, das heißt, jede Störung automatisch überwunden wird und das System dem Gleichgewichtszustand zustrebt.

Eine andere Situation liegt vor, wenn der Konsumtionskoeffizient $c > 1$ ist, das heißt, wenn die Gerade mit der Gleichung $C = c\,Y_{t-1}$ gegen die positive x-Achse um einen größeren Winkel als 45° geneigt ist. Wie aus Abb. 37 zu ersehen ist, ist dieses System nicht stabil, da sich die entstandene Störung nicht von selbst eliminiert, sondern immer stärker wird.

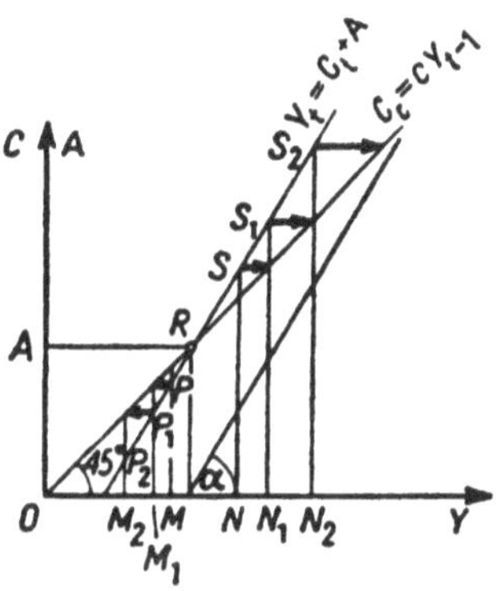

Abb. 37

Wenn der Konsumtionskoeffizient $c = 1$, so hat die Gerade mit der Gleichung $C_t = c\,Y_{t-1}$, das heißt, in diesem Falle die Gerade $C_t = Y_{t-1}$, einen Neigungswinkel gegen die positive x-Achse von genau 45°. Sie deckt sich also mit der Hilfsgeraden OR (s. Abb. 37 und 36). Dann ist, wie sofort aus den beiden Abbildungen ersichtlich ist, das System immer im Zustand des Gleichgewichts. Jeder Zustand ist hier ein Gleichgewichtszustand, der keinerlei Veränderungen unterliegt. Denn wir haben $Y_t = Y_{t-1}$, und daraus folgt $Y_0 = Y_1 = Y_2 = \cdots$.

5. Die Dynamik des Marxschen Reproduktionsprozesses

Als zweites Beispiel eines dynamischen Prozesses analysieren wir nun in ähnlicher Weise die Entwicklung einer Volkswirtschaft, wie sie durch das Marxsche Reproduktionsschema gegeben ist. Wir gehen dabei von der entsprechenden Gleichung des Marxschen Reproduktionsschemas aus (vgl. Kapitel II, Abschnitt 1):

$$x = a_c\,x + (v + m)\,, \tag{3.22}$$

wo a_e der Aufwendungskoeffizient für Produktionsmittel ist. Für diese Gleichung können wir auch schreiben:

$$x = \frac{1}{1 - a_e}(v + m). \qquad (3.22\text{a})$$

Die Größen x, v und m sind in Werteinheiten bzw. in Preisen ausgedrückt.

Wenn wir die Dynamik des Reproduktionsprozesses untersuchen wollen, müssen wir in Gleichung (3.22) den Zeitfaktor einführen, das heißt, wir müssen die entsprechenden Größen „zeitlich zuordnen". Zu diesem Zwecke führen wir den Index t ein, der einen bestimmten Zeitabschnitt repräsentiert, den wir der Einfachheit halber als Jahr annehmen. Weiterhin nehmen wir an, daß die Aufwendungen an Produktionsmitteln $a_e\, x_{t-1}$ im betreffenden Jahr der Produktion des vorangegangenen Jahres proportional sind. Dann nimmt Gleichung (3.22) folgende Form an:

$$x_t = a_e\, x_{t-1} + (v_t + m_t). \qquad (3.23)$$

Das bedeutet, daß die Produktion des Jahres $t - 1$ die Menge der Produktionsmittel bestimmt, die im Jahre t aufgebraucht werden. Mit anderen Worten, die Menge der in einem Jahr aufgebrauchten Produktionsmittel (das heißt der Wert der Produktionsmittel, der auf das Produkt übertragen wird) ist ein gewisser gleichbleibender Bruchteil der Produktion des vorangegangenen Jahres ($0 < a_e < 1$).

Die Differenzengleichung (3.23) lösen wir wie üblich im Rekursionsverfahren. Nehmen wir aus Gründen der Vereinfachung weiterhin an, daß die jährlichen Aufwendungen an lebendiger Arbeit $v_t + m_t$ konstant sind und gleich den Aufwendungen des Anfangsjahrs, also $v_0 + m_0$ sind, und daß es im Anfangsjahr keine Produktionsmittel gab, so erhalten wir folgendes Gleichungssystem, das den Wert der Produktion in den aufeinanderfolgenden Jahren ausdrückt:

$$\begin{aligned} x_0 &= v_0 + m_0\,, \\ x_1 &= a_e\, x_0 + (v_0 + m_0) = (v_0 + m_0) \cdot (1 + a_e)\,, \\ x_2 &= a_e\, x_1 + (v_0 + m_0) = (v_0 + m_0) \cdot (1 + a_e + a_e^2)\,, \\ &\cdots\cdots\cdots\cdots\cdots\cdots\cdots\cdots\cdots\cdots \end{aligned}$$

Für den allgemeinen Fall erhalten wir:

$$x_t = a_e\, x_{t-1} + (v_0 + m_0) = (v_0 + m_0) \cdot (1 + a_e + a_e^2 + \cdots + a_e^t). \qquad (3.24)$$

Aus der Lösung der allgemeinen Gleichung (3.24) ergibt sich, daß der hier untersuchte Prozeß dem Gleichgewichtszustand entgegengeht, wenn $|a_c| < 1$ ist, was in unserem Falle zutrifft, da $0 < a_c < 1$ ist. Wir erhalten also:

$$\lim_{t \to \infty} x_t = (v_0 + m_0) \cdot \frac{1}{1 - a_c} . \tag{3.25}$$

Wir haben auf diese Weise den zeitlichen Verlauf des Marxschen Reproduktionsprozesses gewonnen. Der in (3.25) auftretende Operator der Rückkopplung $\frac{1}{1 - a_c}$ drückt das Verhältnis des Wertes der Produktion zu den Aufwendungen an lebendiger Arbeit aus. Da $0 < a_c < 1$ ist, erhalten wir $\frac{1}{1 - a_c} > 1$. Dieser Operator ist also ein Verstärkungsfaktor, der die Vergrößerung des Wertes der Produktion ausdrückt, und zwar im Verhältnis zu den Aufwendungen an lebendiger Arbeit. Diese Vergrößerung entsteht infolge der Nutzung der Produktionsmittel.

Wir bemerken, daß sich ähnlich wie im ersten Beispiel auch hier die Dynamik des Reproduktionsprozesses nach einem vereinfachten Verfahren untersuchen läßt. Zu diesem Zwecke nehmen wir an, daß es einen Wert der Produktion $\hat{x}_t = \frac{v_0 + m_0}{1 - a_c}$ gibt, der dem Gleichgewichtszustand des Systems entspricht, so daß wir uns auf die Abweichungen von diesem Gleichgewichtszustand konzentrieren können:

$$\bar{x}_t = x_t - \hat{x}_t = x_t - \frac{v_0 + m_0}{1 - a_c} . \tag{3.26}$$

Nach gewissen Umformungen, die den weiter oben vorgenommenen analog sind, erhalten wir folgende Differenzengleichung in reduzierter (homogener) Form:

$$\bar{x}_t = a_c \, \bar{x}_{t-1} . \tag{3.27}$$

Die Lösung dieser Gleichung ist:

$$\bar{x}_t = a_c^t \, \bar{x}_0 . \tag{3.28}$$

Die Lösungsformel (3.28) zeigt uns, daß sich die Abweichungen vom Gleichgewichtszustand selbst ausgleichen, das heißt, der Prozeß ist stabil, da $0 < a_c < 1$ ist. Auch der Marxsche Reproduktionsprozeß läßt sich in ähnlicher Weise wie die Entstehung des Nationaleinkommens graphisch darstellen, und zwar auf der Grundlage des Keynesschen Multiplikators.

Die Annahme, die wir weiter oben bezüglich der Unveränderlichkeit der Aufwendungen an lebendiger Arbeit $v_0 + m_0$ getroffen hatten, ist nicht unbedingt erforderlich. Man kann nämlich nachweisen (z. B. graphisch), daß die grundlegenden Ergebnisse unserer Überlegungen die gleichen bleiben, auch wenn sich die Aufwendungen an lebendiger Arbeit von Jahr zu Jahr verändern. In der entsprechenden graphischen Darstellung (s. Abb. 38) verläuft die Gerade, die die Produktion $x_t = a_c x_{t-1} (v_t + m_t)$ repräsentiert, nicht parallel zur Geraden der Aufwendungen an Produktionsmitteln $a_c x_{t-1}$, obwohl $0 < a_c < 1$ ist. Der Prozeß geht also, wie uns die graphische Darstellung zeigt, gegen den Gleichgewichtszustand. Die Funktion der Produktion im Jahre t muß nicht unbedingt eine Gerade ergeben. Sie kann irgendeine Kurve sein, die sich mit der Geraden schneidet, die durch den Koordinatenursprung geht und in einem Winkel von 45° gegen die positive x-Achse geneigt ist.

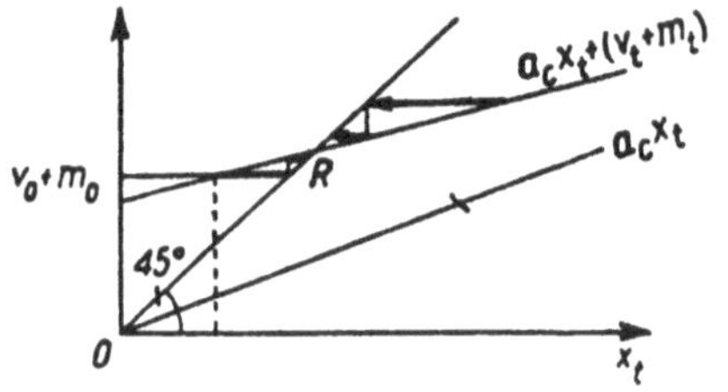

Abb. 38

6. Die kybernetischen Blockschaltbilder dynamischer Prozesse

Wir geben nun die kybernetischen Blockschaltbilder der in Abschnitt 4 und 5 behandelten dynamischen Prozesse: einmal für die Wirkung des Keynesschen Multiplikators und zum anderen für den Marxschen Reproduktionsprozeß.

Wie wir bereits wissen, läßt sich die Dynamik des Keynesschen Multiplikators durch folgende Differenzengleichung darstellen:

$$Y_t = c\, Y_{t-1} + A$$

oder, nach einem einfacheren Verfahren, mit Hilfe der reduzierten (homogenen) Differenzengleichung

$$\overline{Y}_t = c\, \overline{Y}_{t-1},$$

wo $\overline{Y}_t = Y_t - \frac{1}{1-c} A$ die Abweichungen vom Gleichgewichtszustand (durch Störungen) sind.

Als Lösung dieser reduzierten Differenzengleichung erhalten wir:

$$\overline{Y}_t = c^t\, \overline{Y}_0 ,$$

aus der ersichtlich ist, daß das System stabil ist, wenn $0 < c < 1$ ist.

Statisch aufgefaßt, ist der Keynessche Multiplikator im Blockschaltbild Abb. 39 dargestellt. Die unabhängigen Investitionen A werden in diesem System in die Einkommen Y_t umgewandelt, die über die Konsumtion vermittels einer Rückkopplung erneut auf die Regelstrecke einwirken.

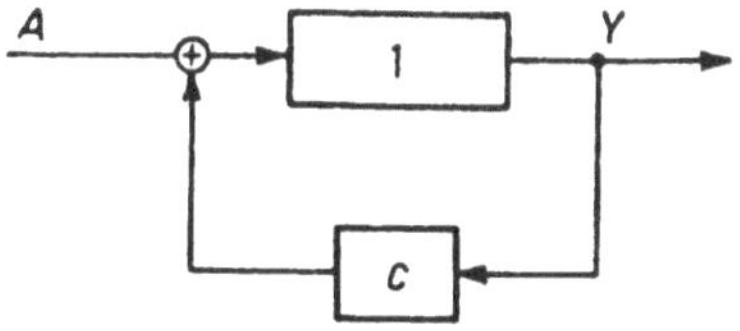

Abb. 39

Dynamisch aufgefaßt, sieht die Wirkung des Keynesschen Multiplikators folgendermaßen aus: Auf den Eingang der Regelstrecke wirkt nicht das Einkommen Y_t des betreffenden Jahres t, sondern des vorangegangenen Jahres $t - 1$. Daraus ergibt sich, daß ein zusätzlicher Operator eingeführt werden muß, der das Nacheilen der Einkommensgröße um eine Zeiteinheit (ein Jahr) bewirkt. Diesen Operator, den sogenannten nacheilenden oder auch verzögernden Operator, bezeichnen wir mit E^{-1}.

Mit Hilfe dieses Operators läßt sich die Differenzengleichung $Y_t = c\, Y_t + A$ folgendermaßen schreiben:

$$Y_t = c\, E^{-1}\, Y_t + A .$$

Daraus erhalten wir:

$$(1 - c\, E^{-1})\, Y_t = A ,$$

bzw.

$$Y_t = \frac{1}{1 - c\, E^{-1}} A . \qquad (3.29)$$

Unter Berücksichtigung der Formel (3.29) können wir folgendes Blockschaltbild für das dynamische Keynessche Modell entwerfen:

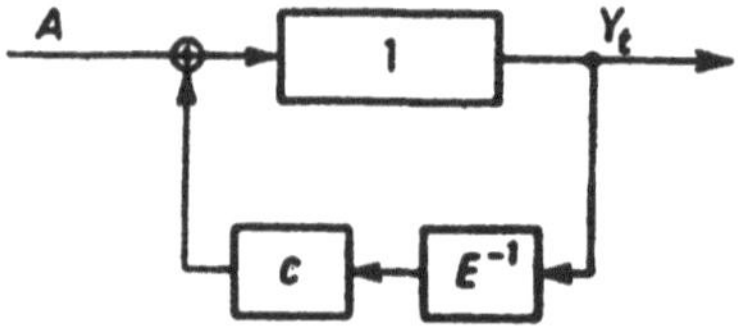

Abb. 40

Wir stellen fest, daß Gleichung (3.29) eine andere ihr gleichwertige Form annehmen kann: Die Gleichung $Y_t = c\,Y_{t-1} + A$ ist gleichwertig mit der Gleichung $Y_{t+1} = c\,Y_t + A$. Verwenden wir nun den voreilenden Operator E, so erhalten wir anstelle dieser letzten Gleichung:

$$E\,Y_t = c\,Y_t + A\,,$$

und daraus folgt:

$$Y_t = \frac{1}{E - c} A\,. \tag{3.30}$$

Die Gleichwertigkeit der Gleichungen (3.29) und (3.30) läßt sich auch algebraisch nachweisen, indem wir den Zähler und Nenner der rechten Seite von (3.29) mit R multiplizieren. Wir erhalten dann[8]):

$$\frac{E\,A}{E - E\,E^{-1}c} = \frac{A}{E - c}\,,$$

das ist aber die rechte Seite der Gleichung (3.30).

Die Dynamik des Marxschen Reproduktionsprozesses wird durch die nichthomogene Differenzengleichung (3.23) dargestellt:

$$x_t = a_c\,x_{t-1} + (v_t + m_t)$$

bzw. durch die reduzierte und homogene Differenzengleichung (3.27)

$$\bar{x}_t = a_c\,\bar{x}_{t-1}\,,$$

die als Lösung die Gleichung (3.28) hat:

$$\bar{x}_t = a_c^t\,\bar{x}_0\,.$$

Wie wir wissen, gilt $0 < a_c < 1$.

Unter Verwendung des Operators E^{-1} läßt sich für die Formel

$$x_t = a_c\,x_{t-1} + (v_t + m_t)$$

folgender Ausdruck schreiben:

$$x_t = a_c\,E^{-1}\,x_t + (v_t + m_t)\,.$$

[8]) $E\,A = A$, da A eine Konstante ist, die von t unabhängig ist.

Daraus erhalten wir schließlich:

$$x_t = \frac{1}{1 - a_c E^{-1}} (v_t + m_t) \,. \tag{3.31}$$

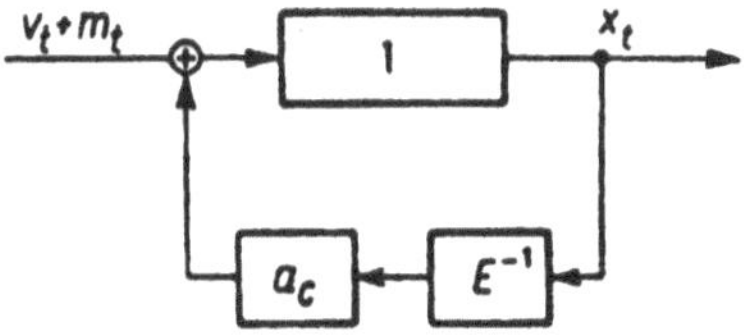

Abb. 41

Abb. 41 enthält das Blockschaltbild dieses dynamischen Prozesses. Auch die reduzierten Differenzengleichungen lassen sich durch entsprechende Blockschaltbilder veranschaulichen. Die Gleichung $\overline{Y}_t = c\,\overline{Y}_{t-1}$ zeigt uns, daß in dem System die Eingangswerte $\overline{Y}_{t-1}$ mit der Zahl c multipliziert werden; es liegt also eine proportionale Transformation vor. Das entsprechende Blockschaltbild finden wir in Abb. 42. Die Rückkopplung ist nicht mehr vorhanden, da sie durch eine entsprechende Reihenschaltung ersetzt wurde.

Der dynamische Prozeß, der durch die Gleichung $\overline{Y}_t = c\,\overline{Y}_{t-1}$ ausgedrückt wird, die Lösung lautet $\overline{Y}_t = c^t\,\overline{Y}_0$, läßt sich ebenfalls als Reihenkopplung darstellen, und zwar bestehend aus einer abzählbar unendlichen Menge von Systemen. In jedem dieser Systeme findet eine proportionale Transformation statt, nämlich die Multiplikation der Eingangsgröße mit der Zahl c (s. Abb. 43). Da $0 < c < 1$ ist, ist diese Transformation eine Dämpfung, die zur Stabilität des Systems führt.

Abb. 42

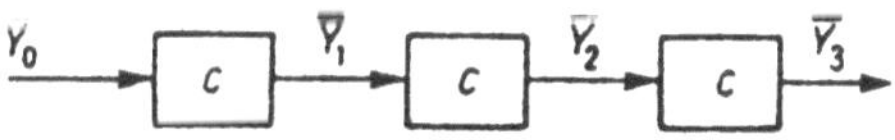

Abb. 43

In analoger Weise läßt sich auch die Dynamik des Marxschen Reproduktionsprozesses in Blockschaltbildern erfassen, und zwar nach der reduzierten Differenzengleichung $\bar{x}_t = a_c\,\bar{x}_{t-1}$. Man vergleiche dazu Abb. 44 und 45.

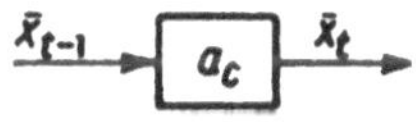

Abb. 44

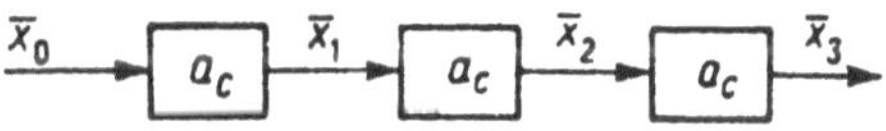

Abb. 45

Wie aus diesen Blockschaltbildern zu entnehmen ist, läßt sich die Rückkopplung durch eine ihr gleichwertige Reihenkopplung ersetzen. Diese Operation bezeichnen wir als *Reduktion der Rückkopplung*. Das ist der eigentliche Sinn der Verwendung reduzierter Differenzengleichungen. Wie die Formeln (3.18) und (3.19) zeigen, wird der Operator der Rückkopplung, der den Gleichgewichtszustand herbeiführt, eliminiert, wenn die ursprünglichen Größen durch ihre Abweichungen vom Gleichgewichtszustand ersetzt werden. Das Ergebnis ist, daß der Rückkopplungsoperator in der reduzierten Differenzengleichung verschwindet, da an die Stelle der Rückkopplung eine Reihenkopplung tritt, die nun diese Gleichung bestimmt.

7. Die Dynamik der Bildung des Marktpreises

Wir gehen nun auf einen weiteren dynamischen Prozeß ein, nämlich auf den Verlauf der Preisbildung unter den Bedingungen der freien Konkurrenz.

Wir nehmen an, für irgendein Produkt seien die Nachfragefunktion $x_t = a\, p_t + \alpha$ und die entsprechende Angebotsfunktion $y_t = b\, p_{t-1} + \beta$ gegeben. In diesen Formeln ist x_t die Größe der Nachfrage nach diesem Produkt und y_t der Umfang des betreffenden Angebots im Zeitabschnitt t (x_t und y_t sind in Naturaleinheiten ausgedrückt, zum Beispiel in Kilogramm, Metern, Litern usw.), p_t und p_{t-1} sind die Preise im Zeitabschnitt t bzw. im Zeitabschnitt $t - 1$. Wir nehmen nun an, daß $a < 0, \alpha > 0, b > 0$ und $\beta > 0$ ist. Die Werte dieser Parameter werden mit Hilfe ökonometrischer Methoden festgelegt. Wir stellen fest, daß die Höhe des Angebots im Zeitabschnitt t eine Funktion der Preise des Zeitabschnittes $t - 1$ ist. Diese Annahme ist durchaus gerechtfertigt, besonders in bezug auf das Angebot an landwirtschaftlichen Produkten[9]), da hier ein relativ fest umrissener Produktionszyklus besteht (die Zeit von der Aussaat bis zur Ernte im Feldbau und die Aufzuchtzeit in der Tierzucht).

Bekanntlich herrscht auf dem Markte Gleichgewicht nur dann, wenn die Nachfrage x_t gleich dem Angebot y_t ist. In jedem Zeitabschnitt t

[9]) Spezielle Untersuchungen zum Thema der Nachfrage- und Angebotsfunktionen sind unter anderem zu finden in dem Buch von O. Lange, Wstęp do ekonometrii, PWN Warszawa 1961, Kapitel II. Ebenda wird auch die Entstehung spezieller Zyklen, so die Erscheinung des Spinnennetzes behandelt, die mit dem Thema dieses Abschnittes zusammenhängt.

herrscht also ein *Gleichgewicht des Zeitabschnittes*, das durch folgende Gleichung gegeben ist:

$$a\,p_t + \alpha = b\,p_{t-1} + \beta\,.$$

Daraus folgt:

$$a_t\,p_t = b\,p_{t-1} + (\beta - \alpha)\,. \tag{3.32}$$

Die Differenzengleichung (3.32) ist so beschaffen, daß sie durch eine ihr gleichwertige reduzierte Gleichung ersetzt werden kann, in der als Veränderliche die Abweichungen der Preise vom dem Preis fungieren, der zum Zeitpunkt des endgültigen Gleichgewichts gilt. Dieser Punkt des endgültigen Gleichgewichtszustandes ist durch den Schnittpunkt der Nachfragegeraden mit der Angebotsgeraden gegeben. Graphisch ist das in Abb. 46 dargestellt.

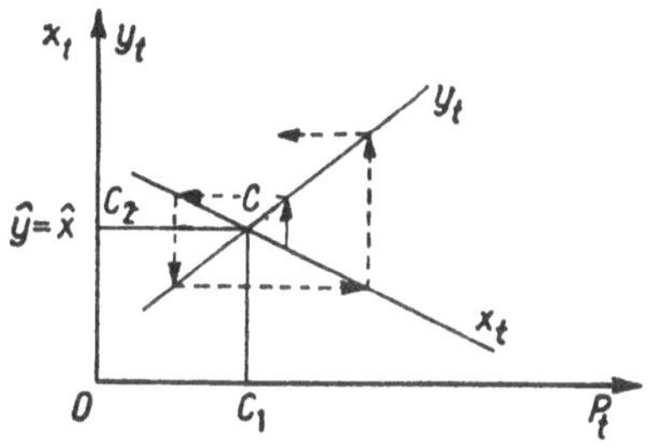

Abb. 46

Den Preis zum Zeitpunkt des endgültigen Gleichgewichts, also p, erhalten wir aus Gleichung (3.32), indem wir annehmen, daß $p_t = p_{t-1}$ ist, was besagt, daß die Preise unverändert sind. Dann erhalten wir:

$$\bar{p} = \frac{\beta - \alpha}{a - b},$$

und somit beträgt die Abweichung des Preises im Zeitabschnitt t vom Preis zum Zeitpunkt des Gleichgewichtszustandes (dem Gleichgewichtspreis)

$$\bar{p}_t = p_t - \frac{\beta - \alpha}{a - b}\,.$$

Die Einführung der neuen Veränderlichen $\bar{p}_t$ ist, wie aus Abb. 46 zu ersehen ist, gleichbedeutend mit der Verschiebung des Koordinatenursprungs in den „Gleichgewichtspunkt" C. Somit läßt sich die Gleichgewichtsgleichung eines einzelnen Zeitabschnittes folgendermaßen schreiben[10]):

$$a\,\bar{p}_t = b\,\bar{p}_{t-1}\,,$$

bzw.

$$\bar{p}_t = \frac{b}{a}\,\bar{p}_{t-1}\,. \tag{3.33}$$

Das ist aber eine reduzierte Gleichgewichtsgleichung, die wir bereits aus den weiter oben angeführten Beispielen kennen (vgl. Abschnitt 4 und 5 dieses Kapitels). Als Lösung ergibt sich:

$$\bar{p}_1 = \frac{b}{a}\,\bar{p}_0\,; \quad \bar{p}_2 = \left(\frac{b}{a}\right)^2 \bar{p}_0\,; \quad \bar{p}_3 = \left(\frac{b}{a}\right)^3 \bar{p}_0\,; \ldots .$$

Allgemein erhalten wir folgenden Ausdruck:

$$\bar{p}_t = \left(\frac{b}{a}\right)^t \bar{p}_0\,. \tag{3.34}$$

Hier ist $\bar{p}_0$ die anfängliche Abweichung des Preises vom endgültigen Gleichgewichtspreis. Anhand der allgemeinen Lösungsformel (3.34) läßt sich feststellen, daß der Prozeß der Marktpreisbildung stabil ist, wenn $\left|\frac{b}{a}\right| < 1$ gilt.

Dieses Resultat gleicht den Ergebnissen, die wir bereits weiter oben erzielt hatten. Es gibt allerdings einen Unterschied: Der Proportionalitätsoperator ist im vorliegenden Fall negativ. Da die Angebotsfunktion bekanntlich fallend ist, ist ihr Steigungskoeffizient $a < 0$, so daß $\frac{b}{a} < 0$ ist.

Daraus folgt, daß die Abweichungen $\bar{p}_1, \bar{p}_2, \ldots \bar{p}_t$ der Preise vom endgültigen Gleichgewichtspreis wechselndes Vorzeichen haben. Das heißt aber, daß die Preise der einzelnen Zeitabschnitte um den endgültigen Gleichgewichtspreis schwanken. Ist zum Beispiel $p_0 = 1$ und $\frac{b}{a} = -\frac{1}{2}$, so erhalten wir folgende sukzessive Abweichungen vom endgültigen Gleichgewichtspreis:

$$1, -\frac{1}{2}, \frac{1}{4}, -\frac{1}{8}, \frac{1}{16}, \ldots$$

[10]) Die neue Differenzengleichung (3.33) läßt sich auch gewinnen, wenn man in Gleichung (3.32) folgende Ausdrücke einsetzt:

$$p_t = \bar{p}_t + \frac{\beta - \alpha}{a - b} \quad \text{und} \quad p_{t-1} = \bar{p}_{t-1} + \frac{\beta - \alpha}{a - b}\,.$$

Die Amplitude dieser Schwingungen ist zunehmend, wenn $\left|\frac{b}{a}\right| > 1$ ist. Dann ist der Prozeß nicht stabil. Sie ist abnehmend, wenn $\left|\frac{b}{a}\right| < 1$ ist. Dann geht der Prozeß der Preisbildung gegen den Gleichgewichtszustand, und das System ist stabil.

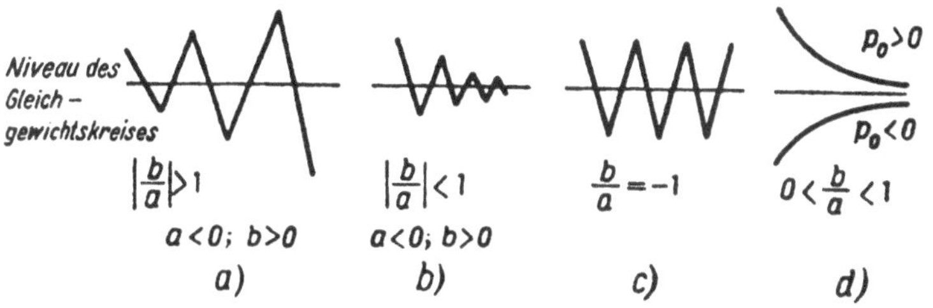

Abb. 47

Wenn $\frac{b}{a} = -1$ ist, dann ist die Amplitude der Schwingungen um den Gleichgewichtszustand konstant.

Wenn $0 < \frac{b}{a} < 1$ ist, was in der Praxis relativ selten vorkommt, so strebt der Prozeß einseitig (monoton) von oben oder von unten dem Gleichgewichtszustand zu, je nachdem, welches Vorzeichen die anfängliche Störung hatte. Wir veranschaulichen das an folgendem Zahlenbeispiel:

$$1,\quad \frac{1}{2},\quad \frac{1}{4},\quad \frac{1}{8},\ldots \left(\frac{b}{a} = \frac{1}{2},\ \bar{p}_0 = 1\right).$$

$$-1, -\frac{1}{2}, -\frac{1}{4}, -\frac{1}{8},\ldots \left(\frac{b}{a} = \frac{1}{2},\ \bar{p}_0 = -1\right).$$

Alle hier beschriebenen Fälle sind graphisch in Abb. 47 dargestellt und das entsprechende Blockschaltbild, das laut (3.33) die Rückkopplung reduziert (eliminiert), in Abb. 48.

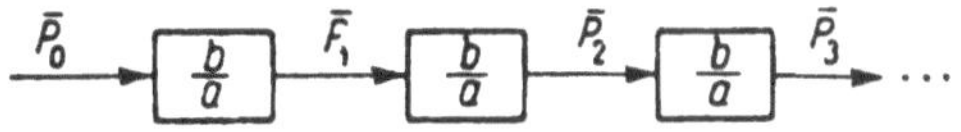

Abb. 48

KAPITEL IV

Die Theorie der Stabilität von Regelungssystemen

1. Die allgemeine Analyse der Dynamik von Regelungsprozessen

In Kapitel III, Abschnitt 3 hatten wir gezeigt, daß der Operator, der in der Grundformel der Regelungstheorie $y = \frac{S}{1 - S R} x$ auftritt, unter gewissen Bedingungen als Summe folgender unendlichen geometrischen Reihe aufgefaßt werden kann:

$$\frac{1}{1 - S R} = 1 + (S R) + (S R)^2 + (S R)^3 + \cdots .$$

Die Grundformel der Regelungstheorie nimmt dann folgende Form an:

$$y = S x - [1 + (S R) + (S R)^2 + \cdots] S x$$

bzw.

$$y = S x + (S R) S x + (S R)^2 S x + \cdots .$$

Bei einer eingehenderen Analyse der Dynamik des Regelungsprozesses muß man berücksichtigen, daß die in einem Regelungssystem eintretenden Reaktionen eine bestimmte Zeit benötigen. Infolgedessen müssen die Größen x und y zeitlich zugeordnet werden. Wir nehmen an, daß im Zeitabschnitt t auf den Regler die Größe y_{t-1} einwirkt, das heißt, der Wert der Veränderlichen y aus dem davorliegenden Zeitabschnitt $t - 1$. In diesem Falle erhalten wir für die Grundformel der Regelungstheorie folgenden Ausdruck:

$$y_t = S (x_t + R y_{t-1}) . \qquad (4.1)$$

Das heißt mit anderen Worten, daß im Wirken des Reglers ein gewisser zeitlicher Verzug (time-lag) existiert, den wir dabei als Maßeinheit der Zeit annehmen können.

Formel (4.1) läßt sich nun wie folgt schreiben:

$$y_t = S R y_{t-1} + S x_t ,$$

bzw., wenn man den Operator E^{-1} einführt:

$$y_t = S\,R\,E^{-1}\,y_t + S\,x_t\,.$$

Lösen wir diese Gleichung nach y_t auf, so erhalten wir:

$$y_t = \frac{S}{1 - S\,R\,E^{-1}}\,x_t. \tag{4.2}$$

Diese Formel zeigt den gleichen Aufbau wie die Grundformel der Regelungstheorie, die wir für den Fall des Wirkens ohne zeitlichen Verzug abgeleitet hatten.

In Gleichung (4.1) läßt sich die Rückkopplung eliminieren, wenn man die Veränderlichen $\bar{y}_t$ einführt, die die Abweichungen der Veränderlichen y_t vom Gleichgewichtszustand $\hat{y} = \frac{S}{1 - S\,R}\,x$ ausdrücken. Wir erhalten dann folgendes:

$$\bar{y}_t = y_t - \frac{S}{1 - S\,R}\,x = S\,R\,y_{t-1} + S\,x - \frac{S\,x}{1 - S\,R}$$

$$= S\,R\,y_{t-1} - \frac{S^2\,R\,x}{1 - S\,R},$$

das heißt:

$$\bar{y}_t = S\,R\left(y_{t-1} - \frac{S}{1 - S\,R}\,x\right).$$

Im Endergebnis gelangen wir zu folgender reduzierten Differenzengleichung:

$$\bar{y}_t = S\,R\,\bar{y}_{t-1}\,, \tag{4.3}$$

da

$$y_{t-1} - \frac{S}{1 - S\,R}\,x = y_{t-1} - \hat{y} = \bar{y}_{t-1}\,.$$

Die reduzierte Differenzengleichung (4.3) hat folgende Lösung:

$$\bar{y}_t = (S\,R)^t\,\bar{y}_0\,. \tag{4.4}$$

Die Lösungsformel (4.4) gestattet es, den zeitlichen Verlauf des Regelungsprozesses genauer ins Auge zu fassen. Wie wir bereits wissen, besteht die Stabilitätsbedingung für ein System darin, daß die Norm des Operators $S\,R$ kleiner als 1 ist, also $|S\,R| < 1$, wobei die Norm des Operators, wie wir weiter oben gezeigt hatten[1]), die obere Grenze des absoluten Betrages seines Übertragungsfaktors ist.

[1]) s. Kapitel III, Abschnitt 3.

Die Bedingung $|S\,R| < 1$ läßt sich auch in der Form $|R| < \frac{1}{|S|}$ schreiben. Dabei bezeichnen wir die Norm von R als *Stärke des Reglers* und die Norm von S als *Stärke der Regelstrecke.* Daraus können wir sofort entnehmen, daß die Stabilitätsbedingung eines Regelungssystems darin besteht, daß die Stärke des Reglers kleiner ist als der Kehrwert der Stärke der Regelstrecke. In einem solchen Falle sagen wir auch, daß die Rückkopplung *kompensierend* ist.

Die hier angeführte Stabilitätsbedingung eines Regelungssystems läßt sich leicht interpretieren. Soll der Regler wirksam in den Regelungsablauf eingreifen, so muß er die im System auftretenden Störungen vermindern. Wenn nun $|R| > \frac{1}{|S|}$, so ist die Wirkung des Reglers zu stark, so daß sich der im System ablaufende Prozeß immer mehr vom Gleichgewichtszustand entfernt. Wir sagen dann, daß eine *kumulative Rückkopplung* vorliegt. Das ist aber genau dann der Fall, wenn die Stärke des Reglers größer ist als der Kehrwert der Stärke der Regelstrecke. Wenn $|R| = \frac{1}{|S|}$, wenn also die Stärke des Reglers gleich der Stärke der Regelstrecke ist, befindet sich das System an der *Stabilitätsgrenze.* Die Störungen nehmen weder zu noch ab, jeder Zustand ist hier ein Gleichgewichtszustand.

Wir werden den Operator des Reglers und der Regelstrecke überall dort, wo es sinnvoll erscheint, mit einem Vorzeichen versehen, entweder mit einem Plus $(+)$ oder mit einem Minus $(-)$. Wenn eine Transformation einfach die Multiplikation mit einer reellen Zahl angibt (proportionale Transformation), bereitet die Wahl des Operatorvorzeichens keine besonderen Schwierigkeiten: Wir nehmen einfach das Vorzeichen der betreffenden reellen Zahl. Bei Operatoren anderer Transformationen bedeutet das Vorzeichen, daß der Operator entweder mit dem Einheitsproportionalitätsoperator $+1$ oder -1 zu multiplizieren ist. Wir wählen die Vorzeichen so, daß die Operatoren S und R das gleiche Vorzeichen erhalten, wenn sich der Ausgangszustand des Reglers in gleicher Richtung verändert wie der Ausgangszustand der Regelstrecke. Ist dies nicht der Fall, so werden entgegengesetzte Vorzeichen genommen.

Auf der Grundlage der den Operatoren zugeordneten Vorzeichen und der Gleichung (4.4) kann man sich leicht davon überzeugen, daß bei Vorzeichengleichheit von Regler R und Regelstrecke S, das heißt wenn $\operatorname{sign} S = \operatorname{sign} R$ ist, die Störung im Regelungssystem monoton (einseitig) verläuft. Wir können das auch anders ausdrücken und sagen, daß sich das System in allen aufeinanderfolgenden Zeitabschnitten ständig über bzw. unter dem Gleichgewichtszustand befindet.

Haben S und R das gleiche Vorzeichen, so sprechen wir von einer *positiven Rückkopplung*, haben sie unterschiedliche Vorzeichen, von einer *negativen Rückkopplung*. Die Störung nimmt dann die Form einer Oszillation an. Wie aus Gleichung (4.4) hervorgeht, wechseln bei negativer Rückkopplung die Abweichungen $\bar{y}_t$ vom Gleichgewichtszustand in den aufeinanderfolgenden Zeitabschnitten ständig ihr Vorzeichen, da der Exponent t einmal gerade und einmal ungerade ist. Die Oszillationen sind dabei entweder zunehmend, abnehmend oder konstant, je nachdem ob $|S\,R| > 1$, $|S\,R| < 1$ oder $|S\,R| = 1$ ist.

Die eben gewonnenen Ergebnisse können in folgender Tabelle zusammengefaßt werden, die die Bereiche der einzelnen Werte von $S\,R$ angibt.

Schwingungsbereich			Monotonitätsbereich	
$S\,R\ -\infty$	-1	0	$+1$	$+\infty$
Bereich der Nichtstabilität des Systems		Stabilitätsbereich des Systems		Bereich der Nichtstabilität des Systems
	linke Stabilitätsgrenze		rechte Stabilitätsgrenze	

Die entsprechende graphische Darstellung der einzelnen Fälle, und zwar anhand des konkreten Beispiels der Marktpreisbildung, finden wir in Abb. 47.

2. Die Dynamik stetiger Regelungsprozesse

Im vorigen Abschnitt hatten wir die Dynamik eines diskreten Regelungsprozesses analysiert, das heißt, wir hatten angenommen, daß der Regler schrittweise (oder in Sprüngen) wirkt, und zwar mit einem bestimmten zeitlichen Verzug Δt. Diesen Verzug hatten wir dabei als Zeiteinheit angenommen und $\Delta t = 1$ gesetzt. Als Ergebnis hatten wir dann die reduzierte Regelungsgleichung in Form der Differenzengleichung (4.3) erhalten, die sich nach Subtraktion von $\bar{y}_{t-1}$ auf beiden Seiten auch in folgender Form schreiben läßt:

$$\bar{y}_t - \bar{y}_{t-1} = (S\,R - 1)\,\bar{y}_{t-1}\,. \tag{4.3a}$$

Wir nehmen nun an, daß der zeitliche Verzug einen beliebigen Wert Δt annehmen kann und veränderlich ist. Führen wir diesen veränderlichen Wert Δt in die reduzierte Regelungsgleichung ein und nehmen wir ferner an, daß die Differenz $\bar{y}_t - \bar{y}_{t-1}$ proportional Δt ist, so erhalten wir anstelle der Gleichung (4.3a) die Gleichung

$$\bar{y}_t - \bar{y}_{t-\Delta t} = (S\,R - 1)\,\bar{y}_{t-\Delta t}\,\Delta t\,, \tag{4.5}$$

bzw.

$$\frac{\bar{y} \;- \bar{y}_{t-\Delta t}}{\Delta t} = (S\,R - 1)\,\bar{y}_{t-\Delta t}\,. \tag{4.5a}$$

Ist $\Delta t = 1$, dann reduziert sich diese Gleichung auf die Gleichung (4.3a) bzw. (4.3). Die linke Seite der Gleichung (4.5) drückt die Zunahme der Störung im Zeitabschnitt Δt aus, der dem zeitlichen Verzug der Reglerwirkung entspricht. Es ist dies eine steigende Funktion dieses zeitlichen Verzugs. Für kleine Größen des zeitlichen Verzugs kann man annehmen, daß die Zunahme dem zeitlichen Verzug Δt proportional ist, daher der Faktor Δt auch auf der rechten Seite der Gleichung.

Wir nehmen nun an, daß der zeitliche Verzug der Reglerwirkung immer kleiner wird, das heißt daß $\Delta t \to 0$. Dann erhalten wir anstelle der Gleichung (4.5a) folgende Differentialgleichung[2]):

$$\frac{d\bar{y}(t)}{dt} = (S\,R - 1)\,\bar{y}(t)\,. \tag{4.6}$$

Diese Gleichung beschreibt einen stetigen Regelungsprozeß, bei dem wir t in Klammern setzen und nicht als unteren Index schreiben, also $y(t)$ anstelle von y_t verwenden, um die stetigen Prozesse leichter von den diskreten unterscheiden zu können.

Die Lösung dieser Differentialgleichung können wir in der allgemein üblichen Form schreiben:

$$\bar{y}(t) = \bar{y}(0)\,e^{(SR-1)\,t}\,, \tag{4.7}$$

wo die Konstante $\bar{y}(0)$ durch die Anfangsbedingungen des Systems gegeben ist; denn $\bar{y}(0)$ ist die Störung zum Anfangszeitpunkt $t = 0$. Die Differentialgleichung (4.6) läßt sich wie folgt umformen:

$$\frac{d\bar{y}(t)}{dt}\cdot\frac{1}{\bar{y}_t} = S\,R - 1 \qquad \text{bzw.} \qquad \frac{d\ln\bar{y}(t)}{dt} = S\,R - 1\,.$$

[2]) Wenn $\bar{y}(t)$ ein Vektor ist, so stellt (4.6) ein System von Differentialgleichungen für die Komponenten des Vektors $\bar{y}(t)$ dar.

Integrieren wir beide Seiten, so erhalten wir $\ln \bar{y}(t) = (S R - 1)t +$ $+ \text{const}$ oder $\bar{y}(t) = K e^{(SR-1)t}$, wo K eine Konstante ist. Setzt man $t = 0$, so folgt $K = \bar{y}(0)$.

Wie sich aus Formel (4.7) ergibt, besteht die Stabilitätsbedingung des Systems darin, daß $S R - 1 < 0$, das heißt $S R < 1$ bzw. $R < \frac{1}{S}$. Es kann also zum Beispiel der Fall $S R = -2$ eintreten, und dennoch ist das System stabil. Diese Stabilitätsbedingung unterscheidet sich also von der in Abschnitt 2 angeführten. Die Stabilität hängt hier nicht mehr von der Stärke $|R|$ und $|S|$ ab, sondern von den Übertragungsfaktoren R und S.[3])

Es zeigt sich weiterhin, daß der Regelungsprozeß, der in einem System mit stetig wirkendem Regler abläuft, immer monoton, das heißt ohne Schwingungen verläuft. Der Wert $\bar{y}(t)$ ist bei $t \to \infty$ entweder ständig positiv oder ständig negativ, und zwar je nachdem, wie das Vorzeichen der Größe $\bar{y}(0)$ beschaffen ist.

Wir führen nun zwei Beispiele einer stetigen Regelung vor, erstens die Verallgemeinerung des Keynesschen Multiplikators auf den Fall der Stetigkeit und dann die Marktpreisbildung, ebenfalls als stetigen Prozeß aufgefaßt.

Im Falle des Keynesschen Modells hat die reduzierte Gleichung folgende Form:

$$\bar{Y}_t = c\, \bar{Y}_{t-1}\,.$$

Diese Gleichung läßt sich in ähnlicher Weise wie oben umformen:

$$\frac{\bar{Y}_t - \bar{Y}_{t-\Delta t}}{\Delta t} = (c - 1)\, \bar{Y}_{t-\Delta t}\,.$$

Gehen wir nun zur Grenze über, das heißt, nehmen wir an, daß $\Delta t \to 0$, so erhalten wir die Differentialgleichung $\frac{d\bar{Y}(t)}{dt} = (c - 1)\, \bar{Y}(t)$, deren Lösung die Form $\bar{Y}(t) = \bar{Y}(0)\, e^{(c-1)t}$ hat. Aus dieser Lösung folgt, daß im stetigen Keynesschen Modell der Prozeß immer monoton ist. Die Stabilitätsbedingung lautet für diesen Prozeß $c < 1$. Da jedoch laut Annahme $c > 0$ ist, erhalten wir die gleiche Bedingung wie

[3]) R und S sind hier Zahlen. Sie stellen also Proportionalitätsoperatoren und keine allgemeinen linearen Operatoren dar. (Anmerkung der deutschen Redaktion).

im Falle des diskreten Prozesses, nämlich $0 < c < 1$. Ähnlich ist die Situation im Falle der stetigen Marktpreisbildung. Die entsprechende reduzierte Differenzengleichung hat die Form $\bar{p}_t = \frac{b}{a}\bar{p}_{t-1}$, und sie läßt sich folgendermaßen umformen:

$$\bar{p}_t - \bar{p}_{t-\Delta t} = \frac{b}{a}\bar{p}_{t-\Delta t}\Delta t - \bar{p}_{t-\Delta t}\Delta t\,,$$

bzw.

$$\frac{\bar{p}_t - \bar{p}_{t-\Delta t}}{\Delta t} = \left(\frac{b}{a} - 1\right)\bar{p}_{t-\Delta t}\,.$$

Beim Übergang zur Grenze erhalten wir die Differentialgleichung $\frac{d\bar{p}(t)}{dt} = \left(\frac{b}{a} - 1\right)\bar{p}(t)$ mit folgender Lösung:

$$\bar{p}(t) = \bar{p}(0)\, e^{\left(\frac{b}{a} - 1\right)t}.$$

Für die Stabilitätsbedingung der stetigen Marktpreisbildung müssen also folgende Forderungen erfüllt sein: $\frac{b}{a} - 1 < 0$, bzw. $\frac{b-a}{a} < 0$. Ist zum Beispiel $b < 0$, so folgt aus der Stabilitätsbedingung, daß der absolute Betrag des Parameters b kleiner sein muß als der absolute Betrag des Parameters a, also $|b| < |a|$. Das bedeutet ökonomisch gesehen, daß die Preisbildung auf dem Markt stabil ist, unabhängig davon, ob die Angebotsfunktion steigend oder fallend ist, solange nicht der Absolutwert ihres Steigungskoeffizienten eine bestimmte Größe überschreitet. Das ist die traditionelle Marktgleichgewichtsbedingung, wie sie von Walras eingeführt wurde. Wir kommen zu dieser Bedingung, wenn wir annehmen, daß die Marktpreisbildung ein stetiger Prozeß ist.

Die Formeln der stetigen Regelungsprozesse lassen sich auch direkt, nämlich unter Verwendung der Operatorenrechnung ableiten. Bekanntlich läßt sich die reduzierte Differenzengleichung auch in folgender Form schreiben:

$$\bar{y}_t = S\,R\,E^{-1}\,\bar{y}_t \quad \text{bzw.} \quad E\,\bar{y}_t = S\,R\,\bar{y}_t\,, \tag{4.8}$$

wo E^{-1} der nacheilende Operator ist, der der betreffenden Größe den zeitlichen Verzug $\Delta t = 1$ verleiht und E der voreilende Operator ist, der die betreffende Größe um den Betrag $\Delta t = 1$ voreilen läßt.

Wir wissen weiterhin, daß es einen Zusammenhang zwischen dem Operator E und dem Differenzenoperator gibt, und zwar $E = \Delta + 1$.[4])

[4]) Vgl. Kapitel I, Abschnitt 5.

Unter Verwendung dieser Beziehung läßt sich die Differenzengleichung (4.8) folgendermaßen schreiben:

$$(\Delta + 1)\,\bar{y}_t = S\,R\,\bar{y}_t\,,$$

bzw.

$$\Delta\bar{y}_t = (S\,R - 1)\,\bar{y}_t\,.$$

Ersetzen wir nun den konstanten zeitlichen Verzug, der gleich der Zeiteinheit ist, das heißt $\Delta t = 1$, durch einen veränderlichen zeitlichen Verzug Δt, so erhalten wir:

$$\Delta\bar{y}_t = (S\,R - 1)\,\bar{y}_t\,\Delta t\,,$$

bzw.

$$\frac{\Delta\bar{y}_t}{\Delta t} = (S\,R - 1)\,\bar{y}_t\,. \qquad (4.9)$$

Wenn $\Delta t \to 0$, dann geht der Operator $\frac{\Delta}{\Delta t}$ auf der linken Seite der Gleichung (4.9) in den Differentialoperator $\frac{d}{dt}$ über.[5]) Somit verwandelt sich für $\Delta t \to 0$ die Differenzengleichung (4.9) in folgende Differentialgleichung:

$$D\bar{y}(t) = (S\,R - 1)\,y(t)\,,$$

die mit der Differentialgleichung (4.6), die wir weiter oben auf andere Weise gewonnen hatten, identisch ist.

3. Praktische Probleme der Regelung

Ein Regelungssystem besteht aus zwei Teilen, der Regelstrecke S und dem Regler R. In der praktischen Anwendung der Regelungs-

[5]) Der Beweis kann sofort angetreten werden. Es sei $x(t)$ eine differenzierbare (und folglich auch integrierbare) Funktion der Veränderlichen t. Wir bezeichnen mit $\Delta x(t)$ die Differenz zwischen den Werten dieser Funktion, die für die Werte $t + \Delta t$ definiert ist, wobei t unabhängig veränderlich ist. Dann ist $\Delta x(t) = x\,(t + \Delta t) - x(t)$. Da diese Funktion differenzierbar ist, ist

$$\frac{\Delta x(t)}{\Delta t} = \frac{x\,(t + \Delta t) - x(t)}{\Delta t} \to D\,x(t)\,,$$

für $\Delta t \to 0$. Infolgedessen geht der Operator $\frac{\Delta}{\Delta t}$ im Grenzfall gegen den Operator D.

theorie geht man gewöhnlich davon aus, daß der erste Teil S des Regelungssystems gegeben und durch äußere Bedingungen bestimmt ist, auf die der Mensch keinen Einfluß ausüben kann, während der zweite Teil R vom Menschen in entsprechender Weise konstruiert und mit dem anderen Teilsystem S irgendwie gekoppelt wird.

Als Regelstrecke kann zum Beispiel irgendein bestimmter Prozeß der Volkswirtschaft fungieren, der unabhängig von den volkswirtschaftlichen Leitungsorganen abläuft (zum Beispiel der Bevölkerungszuwachs, die Zunahme der Konsumtion, die Verringerung der Spareinlagen der Bevölkerung u. a. m.). Die Regler bzw. Regelvorrichtungen sind hingegen bestimmte Einrichtungen irgendwelcher Art, die vom Staat oder anderen gesellschaftlichen Organisationen geschaffen und gelenkt werden, um Einfluß auf den Ablauf des Prozesses S zu gewinnen.

Ein Regler kann aber auch aus einem System technischer und wirtschaftlicher Einrichtungen bestehen, die unabhängig vom Menschen die Wirkung der Natur auf den Verlauf und die Entwicklung der Volkswirtschaft beeinflussen und regeln. Ein interessantes Beispiel der Regelung ist die Anlegung eines Ausgleichsfonds und anderer Reserven zum Ausgleich von Schäden, die der Wirtschaft durch Naturereignisse aller Art entstanden sind. Die Regelstrecke S ist in diesem Falle die Volkswirtschaft, auf die gewisse Naturereignisse unabhängig vom Wollen und Verhalten des Menschen einwirken, und der Regler, der die Stabilitätsstörungen ausschaltet (in bezug auf Richtung und Tempo der volkswirtschaftlichen Entwicklung) ist hier der Ausgleichsfond.

Eine große Anzahl unterschiedlicher Regelungssysteme finden wir in der Technik. In diesem Gebiet sind sowohl die Systeme S als auch die Systeme R vom Menschen erzeugt, haben jedoch vom Standpunkt der Regelungstheorie die gleichen Funktionen wie beispielsweise in der Volkswirtschaft.

Die Grundaufgabe praktischer Regelungsvorhaben besteht immer darin, den in der Regelstrecke S ablaufenden Prozeß stabil zu halten und ihn an das gewünschte Resultat (Sollwert) heranzuführen. Es geht also in erster Linie um die Wahl einer entsprechenden Stärke des Reglers R, der den Prozeß stabil erhält, das heißt, alle Abweichungen vom vorgegebenen Wert (Sollwert) automatisch ausgleicht. Wir wissen bereits, daß bei einem diskreten Prozeß die Stärke des Reglers R unter dem Kehrwert der Stärke der Regelstrecke bleiben muß, oder mathematisch ausgedrückt: $|R| < \frac{1}{|S|}$, und daß bei einem stetigen Prozeß die gleiche Forderung in bezug auf den Übertragungsfaktor S und R gilt, daß also $R < \frac{1}{S}$ sein muß.[6])

Regler, die in einem Regelungssystem der Aufrechterhaltung der Stabilität dienen, heißen *Stabilisatoren.* In der Praxis kann man nun mehrere Stabilisatoren gleichzeitig einsetzen, was keine theoretischen Schwierigkeiten bereitet, da bekanntlich die Wirkung mehrerer Stabilisatoren gleich der Wirkung eines einzigen Reglers ist, dessen Übertragungsfaktor gleich der Summe der Übertragungsfaktoren der einzelnen Stabilisatoren ist.

Die Probleme der Regelung beschränken sich jedoch nicht allein auf die Stabilisierung eines Systems. Gewöhnlich muß auch dafür Sorge getragen werden, daß sich das System auf einem bestimmten Niveau stabilisiert, oder anders ausgedrückt, daß der Wert des Ausgangszustandes tatsächlich gleich dem vorgegebenen Wert z (dem Sollwert) ist. Dabei kann z eine Zahl, ein Vektor oder eine Funktion sein. Im ersten Falle liegt eine Festwertregelung vor, also eine Stabilisierung, und im zweiten Falle — wenn z eine Funktion ist — eine Folgeregelung (s. Kapitel I, Abschnitt 4).

Es kann nun der Fall eintreten, daß der Regelungsprozeß einem Gleichgewichtszustand zustrebt, der vom Sollwert abweicht. Diese Differenz zwischen dem Niveau, das ein bereits stabilisiertes System erreicht hat, und dem Sollwert bezeichnen wir mit ε und nennen sie *statische Abweichung des Systems.* Es besteht also folgende Beziehung:

$$\varepsilon = \hat{y} - z\,. \tag{4.10}$$

Derartige statische Abweichungen treten in der Praxis der Regelungssysteme relativ häufig auf. Wir sagen dann, daß die Wirkung des Regelungssystems einen *systematischen Fehler* aufweist. Es erhebt sich nun die Frage, wie man solchen Fehlleistungen begegnen soll. Es existieren zwei Möglichkeiten: 1. Man verändert die Stellgröße (den Eingabewert für den Eingang der Regelstrecke); 2. Man konstruiert den Regler um, oder, was auf dasselbe hinausläuft, man bringt einen zusätzlichen Regler an. Andere Möglichkeiten sind nicht vorhanden, solange das System S (die eigentliche Regelstrecke) objektiv gegeben ist und sich der Beeinflussung von außen entzieht.

Wir berechnen nun den Übertragungsfaktor des Reglers R, der den Sollwert z herbeiführt. Gehen wir dabei von der Grundgleichung der

[6]) Vgl. Abschnitt 1 dieses Kapitels.

Regelungstheorie $y = \frac{S}{1 - S R} x$ aus, in der wir $y = z$ setzen, so erhalten wir folgenden Ausdruck:

$$z - S R z - S x = 0 .$$

Daraus finden wir für R:

$$R = \frac{z - S x}{S z}$$

bzw.

$$R = \frac{1 - S \frac{x}{z}}{S} . \tag{4.11}$$

Aus Formel (4.11) ergibt sich, daß der Übertragungsfaktor eines Reglers in einem stabilen System von der Größe $\frac{x}{z}$, also vom Verhältnis der Eingangsgröße zum Sollwert z abhängt. Tritt nun im Regelungsprozeß eine statische Abweichung auf, enthält also das System einen systematischen Fehler, dann ist der Regler derart umzukonstruieren, daß sein Übertragungsfaktor die Bedingung (4.11) erfüllt.

Der Regelungsvorgang läßt sich aber auch noch anders korrigieren, nämlich durch eine Veränderung des Eingangszustandes x, das heißt durch entsprechende Einstellung der Eingangsgröße der Regelstrecke. Aus der Grundformel der Regelungstheorie ergibt sich unmittelbar, daß für die Erzielung des Sollwertes z, das heißt für $y = z$, die Eingangsgröße eines stabilen Systems folgende Bedingung erfüllen muß:

$$x = \frac{1 - S R}{S} z . \tag{4.11 b}$$

Im allgemeinen läßt sich dieses Korrekturverfahren leichter und billiger realisieren. Es läuft darauf hinaus, die Eingangsgröße x in entsprechender Weise zu vergrößern oder zu verringern.

Wir führen nun einige Regelungsbeispiele aus der Praxis an. Zunächst einen Fall aus der Technik, und zwar die bekannte Raumtemperaturregelung. Wir nehmen an, wir haben mit Hilfe eines Thermostaten ein stabiles System erhalten, dessen Gleichgewichtszustand bei 15° liegt. Wir wollen aber eine Temperatur von 18° erreichen. Zu diesem Zwecke kann man zunächst versuchen, den Regler — in unserem speziellen Falle den Thermostaten — so umzukonstruieren, daß das Gleichgewichtsniveau des Systems auf 18° angehoben wird, also daß $z = 18°$ ist. Man kann allerdings auch die Eingangsgröße, nämlich die Beschickung mit Heizmaterial verändern, indem man durch Probieren die erforderliche Menge Brennmaterial ermittelt und zusätzlich der Raumbeheizung zuführt.

Ein zweites Beispiel nehmen wir aus der Ökonomie. Es ist allgemein bekannt, daß die tatsächlichen Investitionsaufwendungen bei uns gewöhnlich über den planmäßig festgesetzten liegen. Das hat eine Reihe von Ursachen: 1. Bei einer großen Anzahl von Investitionsobjekten lassen sich die Baukosten niemals genau im voraus bestimmen. 2. Bei der Bauausführung können unvorhergesehene Schwierigkeiten auftreten (felsiger Grund oder Wasser beim Ausheben der Baugrube u. a.). 3. Als Folge des technischen Fortschrittes können sich Veränderungen und Neuerungen im Bauablauf erforderlich machen, um das Objekt nicht bereits zum Zeitpunkt der Übergabe als technisch veraltet einstufen zu müssen.

Es ist außerdem denkbar, daß während der Realisierung eines Investitionsvorhaben eine neue technische Entdeckung gemacht wird, die die Baukosten senkt. Allerdings verteilen sich die Erhöhungen und Senkungen der Baukosten in hohem Maße unsymmetrisch. Die Wahrscheinlichkeit, daß die geplanten Kosten überschritten werden, ist bei weitem größer als die Wahrscheinlichkeit, daß sie unterboten werden können.

Es scheint also auf den ersten Blick sehr schwer zu sein, einen Regler zu konstruieren, der mit diesen Erscheinungen fertig wird und die Investitionsaufwendungen auf dem geplanten Niveau stabilisiert. Die Situation ist jedoch nicht ausweglos, da man versuchen kann, den ökonomischen Anreiz zu nutzen und so die Tendenz der Überschreitung der geplanten Investitionskosten abzuschwächen[7].)

Diesen Erscheinungen kann man zum Beispiel dadurch entgegenwirken, daß man für langfristig bereitgestellte Mittel — an Betriebe oder Vereinigungen — von Baubeginn an, also von dem Zeitpunkt an, da diese Mittel zugunsten dieser Wirtschaftseinheit gebunden sind, einen

[7]) Insbesondere kann man dadurch der Praxis der sogenannten Planattacke entgegenwirken, die darauf beruht, daß Betriebe, Vereinigungen oder andere Organisationen und Institutionen die Investitionskosten im Plan bewußt zu niedrig ansetzen, und zwar speziell für solche Vorhaben, an denen sie ganz besonders interessiert sind. Sie gehen dabei von der Annahme aus, daß sich die Mittel schon irgendwie finden werden, wenn das Investitionsvorhaben erst einmal in den Investitionsplan aufgenommen ist, auch wenn später für seine Realisierung die laut Plan festgesetzten Kosten überschritten werden.

gewissen Zinssatz festlegt. Außerdem kann man Vertragsstrafen und Sanktionen für den Fall festsetzen, daß die geplanten Investitionskosten überschritten werden.

Vorrichtungen oder auch Vorkehrungen dieser Art sind, ausgedrückt in der Sprache der Regelungstheorie, eine Umkonstruierung des Reglers. Man kann jedoch auch anders vorgehen und die Eingangsgröße der Regelstrecke verändern. In unserem Falle hieße das, die im Planentwurf festgelegten Investitionskosten dementsprechend zu erhöhen. Wenn zum Beispiel laut Kostenvoranschlag für die nächste Teilinvestition zehn Millionen Złoty vorgesehen sind, so müßten im Plan beispielsweise zehn Prozent mehr, also elf Millionen Złoty erscheinen.

Wir führen noch ein sehr einfaches Beispiel an, das uns zeigt, wie man einen Regelungsprozeß korrigieren kann, der einen systematischen Fehler enthält. Wenn eine Waage eine ständige Abweichung in der Gewichtsanzeige aufweist, so kann man entweder die Waage entsprechend einregulieren oder, was einfacher ist, eine „Kompensation" vornehmen. In unserem Falle läuft das darauf hinaus, auf einer der beiden Waagschalen ein bestimmtes Gewicht fest anzubringen.

Neben den bereits behandelten zwei Grundproblemen der Regelung von Systemen (der Sicherung der Stabilität des Systems und der Erzielung eines bestimmten Sollwertes durch das System) gibt es noch weitere Fragen, die im Zusammenhang mit der Regelung auftreten. Wir denken dabei vor allem an die Bewertung der Güte eines Regelungssystems. Die Bewertung der Güte einer Regelung untersucht, welcher konkrete Regler von allen möglichen im betreffenden Falle die auftretenden Störungen am raschesten beseitigen kann. Das ist ein außerordentlich wichtiges Problem, da wir in der Praxis bemüht sein müssen, immer den zuverlässigsten Regler einzusetzen.

Wir können zum Beispiel vor die Entscheidung gestellt werden, ob wir einen Regler einsetzen, der die Stabilisierung des Systems über Schwingungen herbeiführt oder einen Regler, der eine monotone Angleichung bewirkt. Haben wir uns für die Schwingungen entschieden, so gilt zu klären, ob eine große und schnell absinkende Amplitude oder aber eine langsam abklingende, dafür aber kleine Amplitude zu wählen ist.

Alle derartigen Charakteristika eines Reglers fassen wir unter dem Sammelbegriff der *Regelgüte* zusammen. Mit den Problemen der Regelgüte werden wir uns weiter unten ausführlicher beschäftigen. Vorerst kehren wir noch einmal zur Stabilität des Regelungssystems zurück.

4. Beipiel: Das Problem der Reaktion auf Reize

Im folgenden werden wir sehen, daß sich mit mathematischen Methoden, die denen der Regelungstheorie ähneln, gewisse Aufgaben lösen lassen, die die Reaktionen lebender Organismen (Tier und Mensch) auf äußere Reize betreffen. Probleme dieser Art sind nicht nur für die Psychologie, sondern auch für die Ökonomie von praktischer Bedeutung. Wir untersuchen folgendes Beispiel[8]):

Es sei p_{n+1} die Wahrscheinlichkeit, daß ein Tier nach $n + 1$ Wiederholungen eines Versuchs in einer vom Experimentator gewünschten Art und Weise auf einen gegebenen Komplex von Reizen reagiert. Wir bezeichnen diese Wahrscheinlichkeit kurz als *Reaktionswahrscheinlichkeit*. Statistische Untersuchungen am Verhalten von Tieren haben gezeigt, daß die Wahrscheinlichkeit p_{n+1} von den vorangegangenen Reaktionen des Tieres auf den gegebenen Komplex von Reizen abhängt. Die Wahrscheinlichkeit p_{n+1} ist um so größer, je größer die Reaktionswahrscheinlichkeit nach der n-ten Wiederholung der Reize war, wobei dieser Zusammenhang angenähert als linear angenommen werden kann. Somit läßt sich folgende Differenzengleichung aufstellen:

$$p_{n+1} = a + m\, p_n\,, \tag{4.12}$$

die uns zeigt, daß p_{n+1} eine lineare Funktion von p_n ist. Offensichtlich gilt $0 \leqq p_n \leqq 1$ bzw. $0 \leqq p_{n+1} \leqq 1$, da diese Veränderlichen Wahrscheinlichkeiten bezeichnen[9]), und $m \geqq 0$, da jede weitere Wiederholung der Reize die Reaktionswahrscheinlichkeit vergrößert (und sie in keinem einzigen Falle vermindert).

Gleichung (4.12) beschreibt, wie sich das Tier gegenüber einem bestimmten Komplex von Reizen eine bestimmte Reaktion aneignet. Diese Gleichung wird deshalb auch als *Gleichung des Lernprozesses* bezeichnet. Die Parameter a und m werden auf der Grundlage von Experimenten ermittelt.

[8]) Dieses Beispiel wurde dem Buch von S. Goldberg, „Introduction to Difference Equations" New York – London 1958, S. 103ff. entnommen. Es stützt sich auf die Auffassungen, die R. R. Bush und F. Mosteller in A Mathematical Model for Simple Learning, in „Psychological Review" 1951 entwickelt haben.

[9]) Die Differenzengleichung (4.12) ist ein Beispiel einer sogenannten Markowschen Kette. Sie stellt das einfachste Beispiel eines stochastischen Prozesses dar.

Gleichung (4.12) läßt sich leicht in eine für unsere Zwecke günstigere Form bringen. Wir setzen $m = 1 - a - b$, wo $a \geqq 0$ und $b \geqq 0$ ist und da $m \geqq 0$ ist, gilt $1 - a - b \geqq 0$. Somit erhalten wir:

$$p_{n+1} = a + (1 - a - b)\, p_n = p_n + a\,(1 - p_n) - b\, p_n \qquad (4.13)$$

bzw.

$$p_{n+1} - p_n = a\,(1 - p_n) - b\, p_n\,. \qquad (4.13\text{a})$$

Die Gleichung in der Form (4.13a) gibt an, wovon die Korrektur der Reaktion des Tieres auf die Reize abhängt, das heißt sie beschreibt den Fortschritt des Lernprozesses. Diese Korrektur wird ausgedrückt durch die Differenz $\Delta p_{n+1} = p_{n+1} - p_n$, die wir auf der linken Seite der Gleichung vorfinden.

Wir untersuchen nun, was die Ausdrücke $(1 - p_n)$ und $-p_n = 0 - p_n$ auf der rechten Seite der Gleichung (4.13) bedeuten. Der erste dieser Ausdrücke definiert den maximal möglichen Grad der Korrektur und der zweite den maximal möglichen Grad der Verschlechterung der Versuchsergebnisse, da das beste Ergebnis, das man erzielen kann, $p_{n+1} = 1$ ist, und das schlechteste $p_{n+1} = 0$. Da $\Delta p_{n+1} = p_{n+1} - p_n$ ist, ergibt sich, daß die tatsächlich erzielte Korrektur der Versuchsergebnisse, wie aus Gleichung (4.13a) zu ersehen ist, gleich dem gewogenen Mittel aus dem maximal möglichen Grad der Korrektur und dem maximal möglichen Grad der Verschlechterung der Versuchsergebnisse ist. Als Gewichte fungieren in dieser Summe die Parameter a und b, wobei der Parameter a von der Gesamtheit der Umstände abhängt, die auf eine maximale Korrektur der Versuchsergebnisse hindrängen, und der Parameter b von der Gesamtheit der Umstände, die die maximale Verschlechterung dieser Ergebnisse bewirken. Somit können wir den Parameter a als das Intensitätsmaß der Wirkung der positiven Reize und Parameter b als das Intensitätsmaß der Wirkung der negativen bzw. der sogenannten *Gegenreize* betrachten. Positive Reize können zum Beispiel Belohnungen aller Art sein und negative Reize Strafen oder andere Nachteile, die mit der Reaktion des Tieres in Verbindung gebracht werden.

Wir lösen Gleichung (4.13) nach einem Verfahren, das von uns bereits mehrere Male weiter oben angewandt wurde. Zunächst stellen wir fest, ob es einen Gleichgewichtszustand gibt und welchem Werte $\hat{p}$ dieser Gleichgewichtszustand entspricht. Zu diesem Zwecke ersetzen wir die Differenzengleichung (4.13) durch eine einfache Gleichung. Ferner nehmen wir an, daß sich die Veränderlichen, das heißt die Reaktionswahrscheinlichkeiten auf ein unveränderliches Niveau eingespielt haben, also $p_{n+1} = p_n = \hat{p}$ gilt. Wir erhalten dann die Gleichung:

$$\hat{p} = a + (1 - a - b)\,\hat{p}\,,$$

daraus ergibt sich unter der Annahme, daß $a + b \neq 0$ ist:

$$\hat{p} = \frac{a}{a+b}\,.$$

Kennen wir den Wert der Veränderlichen, der dem Gleichgewichtszustand $\hat{p}$ entspricht, so können wir daraus die Größe der Abweichungen von diesem Wert berechnen:

$$\bar{p}_n = p_n - \hat{p} = p_n - \frac{a}{a+b}\,.$$

Daraus folgt:

$$p_n = \bar{p}_n + \frac{a}{a+b}$$

und ähnlich

$$p_{n+1} = \bar{p}_{n+1} + \frac{a}{a+b}\,.$$

Setzen wir diese Werte in die Gleichung (4.13) ein, so erhalten wir folgende reduzierte Differenzengleichung:

$$\bar{p}_{n+1} + \frac{a}{a+b} = a + (1 - a - b)\,\bar{p}_n + (1 - a - b)\,\frac{a}{a+b}\,,$$

die nach Vereinfachung folgende Form annimmt:

$$\bar{p}_{n+1} = (1 - a - b)\,\bar{p}_n\,. \qquad (4.14)$$

Die rekursive Lösung dieser Gleichung ergibt:

$$\bar{p}_{n+1} = (1 - a - b)^{n+1}\,p_0\,, \qquad (4.15)$$

wo p_0 die anfängliche Wahrscheinlichkeit ist, das heißt die Wahrscheinlichkeit, mit der das Tier auf einen gegebenen Komplex von Reizen vor dem Versuchsbeginn reagiert.

Berücksichtigt man, daß $1 - a - b \geqq 0$ ist, so ergibt sich aus Formel (4.15), daß die Stabilitätsbedingung des Lernprozesses (bei der Reaktion von Tieren auf einen bestimmten Komplex von Reizen) darin besteht, folgende Ungleichung zu erfüllen: $0 < 1 - a - b < 1$, aus der hervorgeht, daß $0 < a + b < 1$ sein muß. Wenn diese Bedingung erfüllt ist, so gilt für $n \to \infty$, daß $\bar{p}_{n+1} \to 0$, so daß also $p_{n+1} \to \frac{a}{a+b}$, das heißt aber gegen den Gleichgewichtszustand geht.

Wenn $a + b = 0$ (bzw. $1 - a - b = 1$), so läßt sich ebenfalls die grundlegende Formel (4.15) anwenden, aber dann ist $\bar{p}_{n+1} = p_0$. Das heißt, daß sich die Reaktionswahrscheinlichkeit im Verlaufe des Prozesses nicht ändert, sondern ständig gleich der anfänglichen Wahrscheinlichkeit p_0 bleibt.

Das Tier macht keine Fortschritte „in der Wissenschaft".

Wir gehen nun auf die gewonnenen Ergebnisse etwas genauer ein. Unter der Annahme $0 < a + b < 1$ haben wir $p_{n+1} < \frac{a}{a+b}$, für $n \to \infty$. Was besagt dieses Ergebnis? Es zeigt sich, daß bei einer hinreichend großen Anzahl von Wiederholungen die Reaktionswahrscheinlichkeit einem bestimmten Grenzwert zustrebt, der gleich dem Verhältnis des Intensitätsmaßes der positiven zur Summe aus dem Intensitätsmaß der positiven und dem Intensitätsmaß der negativen Reize (Gegenreize) ist. Wir betrachten nun einige spezielle Fälle:

1. Wenn $a = 0$, $b \neq 0$, dann gilt $p_{n+1} \to 0$. Das bedeutet, daß sich das Tier das Reagieren völlig abgewöhnt hat, wenn nur Gegenreize angewandt werden, da es dann immer nur mit „Strafen" bedacht wird.

2. Wenn $a \neq 0$ und $b = 0$, dann gilt $p_{n+1} \to 1$. Das bedeutet, daß bei der ausschließlichen Anwendung positiver Reize der Lernprozeß einen Zustand erreicht, von dem man sagen kann, daß das Tier „sicher" bzw. „beinahe sicher" auf einen bestimmten Reiz reagiert.[10])

3. Wenn $a = b \neq 0$, dann gilt $p_{n+1} \to \frac{1}{2}$. Das bedeutet, daß bei gleicher Verteilung von Reizen und Gegenreizen die Reaktionswahrscheinlich-

[10]) Wenn die Wahrscheinlichkeit für eine endliche Menge bestimmt wird, dann bedeutet $p = 1$, daß das Ereignis „sicher" eintritt. Wird die Wahrscheinlichkeit hingegen für eine unendliche nichtabzählbare Menge berechnet, so bedeutet $p = 1$, daß das Ereignis „fast sicher" eintritt. Die Fälle, in denen das Ereignis nicht eintritt, bilden dann eine Menge vom Maß Null.

lichkeit gegen 0,5 geht. Nach einer hinreichend großen Anzahl von Wiederholungen ist das Tier derart durcheinander gebracht, daß es nur noch auf die Hälfte der Fälle reagiert.

Es muß hier darauf hingewiesen werden, daß das Ergebnis des eben von uns behandelten Lernprozesses nicht von der absoluten Anzahl der positiven und negativen Reize abhängt, sondern lediglich vom Verhältnis $r = \frac{a}{b}$, das heißt vom Verhältnis des Intensitätsmaßes der positiven zum Intensitätsmaß der negativen Reize. Es gilt folgende Beziehung:

$$\hat{p}_{n+1} \to \frac{\frac{a}{b}}{\frac{a}{b} + 1} = \frac{r}{1 + r}.$$

Das Verhältnis $r = \frac{a}{b}$ ist also das Intensitätsmaß der angewandten Lernmethode. Man kann es als ***Motivationsstruktur*** bezeichnen. Von der absoluten Anzahl der positiven und der negativen Reize hängt lediglich die Anzahl der Versuchswiederholungen ab, die erforderlich ist, um überhaupt ein Ergebnis zu erzielen. Wie nämlich aus Formel (4.15) zu ersehen ist, konvergiert der Prozeß um so schneller, je kleiner der Wert $1 - a - b$ bzw. je größer der Wert $a + b$ ist. So hängt also das Ergebnis eines Lernprozesses von der Motivationsstruktur ab, die Geschwindigkeit hingegen, mit der dieses Ergebnis erzielt wird, von der gemeinsamen Intensität der Motivationen. Das hier behandelte Problem ist ein interessanter Beweis dafür, daß sich mathematische Methoden (Differenzengleichungen) auf die Lösung und Analyse bestimmter psychologischer Probleme anwenden lassen. Wir können zum Beispiel folgende Aufgabe stellen: Mit welcher Intensität sind positive und negative Reize anzuwenden, um eine gewünschte Reaktion eines Tieres mit einer bestimmten Wahrscheinlichkeit eintreten zu lassen? Wir wollen also erreichen, daß $p_{n+1} \to z$, wo z wiederum der vorgegebene Wert (Sollwert) ist. Ein auf diese Weise formuliertes Problem ist eine typische Aufgabe der Regelungstheorie.

Die Lösung dieser Aufgabe ist einfach. Setzen wir nämlich $p_{n+1} \to z$, so erhalten wir die Gleichung $\frac{r}{1 + r} = z$, also für $r = \frac{z}{1 - z}$. Ist aber das Verhältnis der positiven zu den negativen Reizen gleich $\frac{z}{1 - z}$, so haben wir $p_{n+1} \to z$, wenn $n \to \infty$.

Nehmen wir nun zum Beispiel an, daß $z = \frac{95}{100}$, so erhalten wir für r:

$$r = \frac{\frac{95}{100}}{1 - \frac{95}{100}} = 19 .$$

Also ist $\frac{a}{b} = 19$, und das heißt, daß die positiven Reize 19 mal stärker sein müssen als die negativen.

Das eben behandelte Beispiel läßt sich auch auf die Lösung bestimmter ökonomischer Probleme übertragen, wenn wir annehmen, daß die Menschen auf positive und negative Reize nach einem gleichen oder ähnlichen Schema reagieren. Positive Reize im Verhalten einzelner Personen oder Personengruppen sind Belohnungen aller Art, Prämien, Gewinne usw., und negative Reize sind vertraglich geregelte Sanktionen sowie Nachteile, die das Mißlingen eines Vorhabens oder andere Umstände mit sich bringen.

Welche praktischen Schlüsse lassen sich nun aus den Ergebnissen der oben angeführten Analyse ziehen, und was kann man über ein künstliches System positiver und negativer Reize im ökonomischen Leben aussagen?

Wenn die Wahrscheinlichkeit für die Erreichung eines bestimmten Zieles größer als $\frac{1}{2}$ sein soll, so muß die Intensität der positiven Reize (zu erwartenden Vorteile) größer sein als die Intensität der negativen Reize (der möglichen Nachteile). Es muß also eine klare Richtschnur geben, an die man sich im Prämiensystem halten kann. Wenn die Tätigkeit eines Menschen oder einer Gruppe von Menschen (zum Beispiel eines Betriebes) mit möglichen Verlusten einhergeht (negativen Reizen), so müssen positive Reize zur Anwendung gelangen (Prämien, zusätzliche Gewinne usw.), die intensiver sind als die bestehenden negativen Reize.

In diesem Zusammenhang entsteht die Frage, ob man die negativen Reize bekämpfen soll, oder ob man ihre Wirkung eher abschwächen soll, indem man die positiven Reize dementsprechend verstärkt. Letzteres Verfahren ist ohne Zweifel dann besonders angebracht, wenn die Beseitigung der negativen Reize auf große Schwierigkeiten stößt. Vom ökonomischen Standpunkt aus ist ein solches Vorgehen nicht gerechtfertigt, da es die Anwendung solcher Prämien erfordert, die die Intensität der negativen Reize um ein Vielfaches übersteigen. Den gleichen Effekt kann man billiger erzielen, wenn man die negativen Reize abschwächt oder völlig beseitigt. Aus der Formel $z = \frac{r}{1 + r}$ ist zu ersehen, daß r sehr groß sein muß, wenn wir für die Reaktion eine große Sicherheit erzielen wollen, das heißt wenn $z \cong 1$ sein soll. Da aber $r = \frac{a}{b}$ ist, so wäre für diesen Zweck für großes b ein sehr großes a erforderlich. Man würde also große Prämien, Gewinnsätze usw. benötigen. Das gleiche Verhältnis läßt sich aber durch einen niedrigeren Aufwand an Prämien und Gewinnen erzielen, wenn $b \cong 0$, das heißt, wenn die negativen Reize so gut wie beseitigt werden.

Hieraus ergibt sich die praktische Schlußfolgerung, daß eine wirksame ökonomische Anregung der Wirtschaftstätigkeit vor allem die Beseitigung der negativen Reize erfordert, da diese die Tätigkeit hemmen. Das ist offensichtlich nicht immer möglich. Außerdem gilt zu bedenken, daß eine schnelle Verwirklichung eines bestimmten Ziels positive Reize dann in entsprechend großem Umfang erfordert. Schließlich hängt, wie wir nun wissen, die Geschwindigkeit, mit der ein Reaktionsprozeß gegen ein festgesetztes Ergebnis konvergiert, vom Wert der Summe $a + b$ ab. Obwohl somit bei konstantem a eine Verminderung von b zwar die Motivationsstruktur r verbessert, führt sie eben gleichzeitig auch zu einer Verminderung der Summe $a + b$ (einer Verminderung der Intensität der Reize insgesamt), von der die Konvergenzgeschwindigkeit abhängt. Will man aber eine hohe Konvergenzgeschwindigkeit erreichen, so muß dann eine entsprechend große Anzahl positiver Reize vorliegen.

Ein interessantes Beispiel für die Beseitigung der Gegenreize ist die allseitige Versicherung sogenannter Vertragsanbauflächen gegen Unwetterschäden aller Art, um den Anbau gewisser Industriekulturen, die besonders anfällig gegen Witterungseinflüsse wie Ausfrieren, Austrocknen, Hagelschlag usw. sind, anzuregen. In der Praxis hatte sich nämlich gezeigt, daß selbst bedeutende Erhöhungen der entsprechenden Aufkaufpreise (also die Intensivierung der positiven Reize) keinen merklichen Einfluß auf die Erweiterung des Anbaus erzielen konnte. Sobald aber auf dem Wege der allseitigen Versicherung die Gegenreize ausgeschaltet waren, was übrigens mit relativ geringen Kosten verbunden ist, konnte bei bestimmten technischen Kulturen eine bedeutende Vergrößerung der Anbauflächen verzeichnet werden.[11])

[11]) Vgl. dazu den Sammelband unter der Redaktion von A. Banasiński, Ubezpieczenia państwowe w Polsce Ludowej w liczbach, PWE Warszawa 1959, S. 182ff.

Die Anwendung ähnlicher Methoden der Beseitigung der Gegenreize läßt sich sicherlich auch auf andere Zweige der Wirtschaftstätigkeit ausdehnen. So könnte zum Beispiel die Einrichtung eines Ausgleichsfonds, der eventuelle Verluste bei der Erneuerung und Rekonstruktion von Betrieben ausgleicht, viele Betriebe dazu anregen, dem technischen und organisatorischen Fortschritt in ihrem Produktionsbereich zum Durchbruch zu verhelfen. Es besteht kein Zweifel, daß diese Methode der Förderung des technischen Fortschrittes bedeutend ökonomischer und zugleich auch wirksamer ist als die Erhöhung der entsprechenden Prämien.

KAPITEL V

Allgemeine Darstellung der Regelungstheorie

1. Die Reaktionsgleichung des Systems

Die allgemeine Stabilitätstheorie von Regelungssystemen, wie sie in diesem Abschnitt dargestellt wird, läßt sich mit Hilfe zweier Operatoren beschreiben, mit dem Proportionalitätsoperator k und dem Differentialoperator D, bzw. mit Hilfe des Proportionalitätsoperators k und des voreilenden Operators E.

In Kapitel I, Abschnitt 5 hatten wir gezeigt, daß wir nur drei elementare Operatoren benötigen, um die Wirkung eines jeden Regelungssystems beschreiben zu können: den Proportionalitätsoperator, dessen Wirkung auf der Multiplikation des Eingangszustandes eines Elementes mit der reellen Zahl k beruht, den Differentialoperator und den voreilenden Operator. Alle anderen Operatoren lassen sich auf diese drei elementaren Operatoren zurückführen, so vor allem die diesen Operatoren entsprechenden Umkehroperatoren wie der Integraloperator $D^{-1} = \int \ldots dt$ und der nacheilende Operator E^{-1}.

Der Differentialoperator D und der voreilende Operator E sind jedoch nicht unabhängig; der eine läßt sich immer durch den anderen ausdrücken, so daß die Anzahl der grundlegenden linearen Operatoren auf zwei herabgesetzt werden kann.

Weiter oben hatten wir gezeigt, daß der Operator $\frac{\Delta}{\Delta t}$ im Grenzwert für $\Delta t \to 0$ gegen den Operator D geht. Diesen Grenzübergang hatten wir uns bereits in unseren obigen Überlegungen zunutze gemacht. Der Zusammenhang zwischen dem Operator E (und somit auch zwischen dem Operator Δ) und dem Operator D kann jedoch auch direkt, das heißt ohne Zuhilfenahme des Grenzüberganges nachgewiesen werden.

Es sei $x(t)$ eine stetige Funktion der Veränderlichen t, die sich beliebig oft differenzieren läßt. Wir setzen $x(t + \Theta) = E^{\Theta}$, das heißt, der Operator E^{Θ} ersetzt den Wert $x(t)$ durch den Wert $x(t + \Theta)$, er ist also ein Operator, der das Argument der Funktion um Θ voreilen läßt[1]). Der Wert der Funktion $x(t + \Theta)$ läßt sich in eine Taylorsche Reihe entwickeln. Wir erhalten dann:

$$E^{\Theta} x(t) = x(t + \Theta) = x(t) + \frac{\Theta}{1!} x'(t) + \frac{\Theta}{2!} x''(t) + \cdots,$$

wo $x'(t)$, $x''(t)$, ... die sukzessiven Ableitungen im Punkt t sind. Unter Verwendung des Differentialoperators D schreiben wir dieses Ergebnis in folgender Form:

$$E^{\Theta} x(t) = x(t) + \frac{\Theta}{1!} Dx(t) + \frac{\Theta^2}{2!} D^2 x(t) + \cdots,$$

das heißt

$$E^{\Theta} x(t) = \left(1 + \frac{\Theta}{1!} D + \frac{\Theta^2}{2!} D^2 + \cdots\right) x(t) .$$

Daraus erhalten wir folgende Gleichheitsbeziehung zwischen den Operatoren:

$$E^{\Theta} = 1 + \frac{\Theta}{1!} D + \frac{\Theta^2}{2!} D^2 + \cdots .$$

Der Operator E^{Θ}, also der Operator, der das Argument um den Betrag Θ voreilen läßt, ist somit gleichwertig mit einer Potenzreihe des Operators D.

Machen wir uns die bekannte Entwicklung der Exponentialfunktion in eine Potenzreihe zunutze

$$e^{\Theta} = 1 + \frac{\Theta}{1!} + \frac{\Theta^2}{2!} + \cdots,$$

so läßt sich Formel (5.1) in folgender Form schreiben:

$$E^{\Theta} = e^{\Theta D} \tag{5.2}$$

oder auch in der Form:

$$\Theta D = \ln E^{\Theta} . \tag{5.2a}$$

Setzt man $\Theta = 1$, so ergibt sich schließlich:

$$E = e^{D} \quad \text{bzw.} \quad D = \ln E . \tag{5.3}$$

Somit haben wir den Zusammenhang zwischen den Operator D und dem Operator E hergestellt. Da $\Delta = E - 1$ ist, folgt aus dieser Beziehung

[1]) Weiter oben hatten wir angenommen, daß die Funktion $x(t)$ eine Zahlenfolge x_t ist, wobei wir $\Theta = 1$ gesetzt hatten. Der voreilende Operator, der in dieser Reihe das Voreilen um eine Stelle bewirkt, ist der Operator E.

auch[2]) $\Delta = e^D - 1$. Somit kommt man mit zwei elementaren Operatoren aus, nämlich mit dem Proportionalitätsoperator k und dem Differentialoperator D (bzw. dem voreilenden Operator E).

Wie wir bereits wissen, läßt sich jedes lineare Regelungssystem als Menge gekoppelter Elementarsysteme (Elemente) darstellen, in denen durch elementare Operatoren festgelegte Transformationen stattfinden. Die Gesamttransformation eines solchen Systems stellen wir entweder als $y = T\,x$ dar, wo x der Eingangszustand und y der Ausgangszustand ist, oder als entsprechende Umkehrtransformation $x = T^{-1}\,y$. Die zuletzt angeführte Form eignet sich besonders gut für die Untersuchung von Regelungssystemen, da mit ihr bei vorgegebenem Ausgangszustand $y = z$ die erforderliche Eingangsgröße (Stellgröße) x direkt bestimmt werden kann; $x = T^{-1}\,y$.

Der Operator T^{-1} ist genauso wie der Operator T selbst das Ergebnis algebraischer Operationen, die wir an den elementaren Operatoren k, D und E^Θ bzw. den entsprechenden Umkehroperatoren[3]) vorgenommen haben. In jedem Element findet eine Transformation statt, die durch einen der aufgezählten Operatoren definiert ist; eine proportionale Transformation, eine Differenzierung oder ein Voreilen des Arguments, bzw. bei Vorliegen der Umkehroperatoren, eine Integrierung oder ein

[2]) Daraus erhalten wir ebenfalls den oben angeführten Grenzübergang. Es gilt nämlich:

$$\Delta\Theta = e^{\Theta D} - 1 = \frac{\Theta}{1!} D + \frac{\Theta^2}{2!} D^2 + \cdots,$$

das heißt

$$\frac{\Delta\Theta}{\Theta} = D + \frac{\Theta}{2!} D^2 + \cdots.$$

Behandeln wir nun Θ als Veränderliche und schreiben wir $\Theta = \Delta t$, um uns an die weiter oben eingeführte Schreibweise zu halten, so bekommen wir:

$$\frac{\Delta\Theta}{\Delta t} = D + \frac{\Delta t}{2!} D^2 + \cdots,$$

und für $\Delta t \to 0$ geht der Operator $\frac{\Delta\Theta}{\Delta t}$ gegen den Operator D.

[3]) Als elementaren Operator nehmen wir hier E^Θ und nicht E, da das Voreilen um Θ nicht immer ganzzahlig ist. Entspricht Θ keiner ganzen Zahl, so kann der Operator E^Θ nicht als Θ-fache Wiederholung der Operation E betrachtet werden, so daß er als Elementaroperator angenommen werden muß.

Nacheilen des Arguments. Die einzelnen Elemente sind untereinander wiederum über eine Reihen-, eine Parallel- oder eine Rückkopplung verknüpft. Das Ergebnis dieser Kopplungen ist bekanntlich eine Addition, eine Multiplikation oder eine Division der Operatoren, bzw. eine Subtraktion, wenn wir den Additionsoperator mit dem Proportionalitätsoperator $k = -1$ multiplizieren.

Infolgedessen läßt sich der Operator T^{-1} (oder auch der Operator T), der die Gesamttransformation eines Regelungssystems beschreibt, immer als Polynom der Operatoren D und E^{Θ} darstellen. Es gilt also folgende Beziehung:

$$T^{-1} = \sum_{r=-k}^{l} \sum_{s=0}^{m} a_{rs} D^r E^{\Theta_s} . \qquad (5.4)$$

In diesem Polynom sind die Koeffizienten a_{rs} das Ergebnis der Multiplikation der verschiedenen Werte von k, die den stattfindenden proportionalen Transformationen entsprechen; es handelt sich also um reelle Zahlen. Die Operatoren D^r bezeichnen eine r-fache Differenzierung, wenn $r > 0$, bzw. eine Integration, wenn $r < 0$ ist; die Operatoren E^{Θ_s} bezeichnen ein Voreilen um den Betrag Θ_s, wenn $\Theta_s > 0$, und ein Nacheilen um den gleichen Betrag, wenn $\Theta_s < 0$ ist. Ist $r = 0$ bzw. $\Theta_s = 0$, so liegen die Identitätsoperatoren D^0 und E^0 vor, die man übergehen kann. Offensichtlich können einige, nicht aber alle Koeffizienten a_{rs} gleich Null sein. Wir nehmen an, daß das System aus einer endlichen Anzahl von Elementen besteht, so daß die untere Summierungsgrenze k (die maximale Anzahl der Wiederholungen der Integration) sowie l (die maximale Anzahl der Wiederholungen der Differenzierung) und m ($m + 1$ ist die Anzahl der Wiederholungen des Voreilens) endlich sind.

Die Gesamttransformation des Regelungssystems $x = T^{-1} y$ läßt sich somit in folgender Form schreiben:

$$\left(\sum_{r=-k}^{l} \sum_{s=0}^{m} a_{rs} D^r E^{\Theta_s} \right) y = x .$$

Wir nehmen an, daß x und y Funktionen der Zeit $x(t)$ und $y(t)$ sind, die wir als *Eingangs-* bzw. *Ausgangsfunktion* bezeichnen. Nehmen wir weiterhin an, daß sich die Funktion $y(t)$ genügend oft differenzieren bzw. integrieren läßt, so ist dieser Ausdruck die Operatorschreibweise einer linearen Funktionalgleichung mit konstanten Koeffizienten. Es gilt nämlich:

$$\left(\sum_{r=-k}^{l}\sum_{s=0}^{m} a_{rs}\, D^r\, E^{\Theta_s}\right) y(t) = x(t)\,, \tag{5.5}$$

oder ohne Operatoren ausgedrückt:

$$\sum_{r=-k}^{l}\sum_{s=0}^{m} a_{rs}\, y^{(r)}\,(t-\Theta_s) = x(t)\,, \tag{5.5a}$$

wo $y^{(r)}\,(t-\Theta_s)$ die r-te Ableitung der Funktion $y(t)$ zum Zeitpunkt $t-\Theta_s$ bezeichnet (bei $r > 0$), bzw. die r-malige Integration (bei $r < 0$).

Die gewonnene Funktionalgleichung bildet eine gedrängte Beschreibung der Gesamtwirkung des Systems. Die rechte Seite dieser Gleichung beschreibt den zeitlichen Verlauf der Eingabe (der Größe des Stellwerts) des Systems, also $x(t)$, und die Gleichung bezeichnet die Funktion $y(t)$, die den zeitlichen Verlauf des Ausgangszustandes des Systems repräsentiert. Lösen wir die Gleichung auf, so erhalten wir den Verlauf des Ausgangszustandes, wie er durch einen bestimmten Verlauf des Eingangszustandes festgelegt wird. Deshalb bezeichnen wir die Gleichung (5.5) als *Reaktionsgleichung des Systems*.

Die Funktionalgleichung (5.5) läßt sich so umformen, daß die Integrale auf der linken Seite verschwinden. Zu diesem Zwecke führen wir die neue Funktion $y^*(t) = D^{-k}\, y(t)$ ein. Wir erhalten dann folgenden der Gleichung (5.5) gleichwertigen Ausdruck:

$$\left(\sum_{r=0}^{k+l}\sum_{s=0}^{m} a_{rs}\, D^r\, E^{\Theta_s}\right) y^*(t) = x(t)\,. \tag{5.6}$$

Auf der linken Seite dieser Gleichung haben wir nur Differential- und voreilende Operatoren. Es ist dies eine *Differential-Differenzengleichung*.[4]) Es erweist sich, daß die Reaktionsgleichungen linearer Regelungssysteme immer als Differential-Differenzengleichung geschrieben werden können. Die Differentialoperatoren dieser Gleichung drücken die stetigen Prozesse im Regelungssystem aus und die voreilenden Operatoren die diskreten Prozesse.

[4]) Die umfassendste Darstellung der Theorie der Differential-Differenzengleichungen und ihrer Lösungsmethoden – sie weist zugleich auch die beste Systematisierung dieses Gegenstandes auf – findet sich in R. Bellman und K. C. Cooke, Differential-Difference Equations, New York–London 1961.

In dem besonderen Fall, daß alle Prozesse im Regelungssystem stetig sind, reduziert sich Gleichung (5.6) auf folgende lineare Differentialgleichung mit konstanten Koeffizienten[5]):

$$a_0\, y^*(t) + a_1\, D\, y^*(t) + a_2\, D^2\, y^*(t) + \cdots + a_n\, D^n\, y^*(t) = x(t)\,. \quad (5.7\,\text{a})$$

Sind hingegen alle Prozesse in einem Regelungssystem diskret, so reduziert sich Gleichung (5.6) auf folgende lineare Differenzengleichung mit konstanten Koeffizienten[6]):

$$a_0\, y^*(t) + a_1\, E^{\Theta_1}\, y^*(t) + a_2\, E^{\Theta_2}\, y^*(t) + \cdots + a_m\, E^{\Theta_m}\, y^*(t) = x(t)\,. \qquad (5.7\,\text{b})$$

Aus Gründen der Vereinfachung werden wir im weiteren Verlauf die Sternchen bei der Funktion $y^*(t)$ in der Differential-Differenzengleichung (5.6) und in ihren verschiedenen speziellen Fällen weglassen.

Mit Hilfe der Operatorform der Gleichung (5.6) läßt sich auch die entsprechende Lösung als Operatorgleichung notieren, nämlich in der Form:

$$y(t) = \left(\sum_{r=0}^{n} \sum_{s=0}^{m} a_{rs}\, D^r\, E^{\Theta_s}\right)^{-1} x(t)\,, \qquad (5.8)$$

wobei n gleich der Summe $(k + l)$ in Formel (5.6) ist. Diese Schreibweise drückt die Transformation $y = T\, x$ aus.

Die Lösung (5.8) der Reaktionsgleichung kann immer die Form der Grundformel der Regelungstheorie annehmen:

$$y(t) = \frac{S}{1 - S\,R}\, x(t)\,.$$

Zu diesem Zwecke schreiben wir Gleichung (5.8) wie folgt:

$$y(t) = \frac{1}{\sum\limits_{r=0}^{n} \sum\limits_{s=0}^{m} a_{rs}\, D^r\, E^{\Theta_s}}\, x(t)$$

und zerlegen dann das Operatorpolynom, das im Nenner dieser Gleichung auftritt, beliebig in zwei Summanden. Wir erhalten dann:

$$y(t) = \frac{1}{\sum\limits_{\varrho} \sum\limits_{\sigma} a_{\varrho\sigma}\, D^\varrho\, E^{\Theta_\sigma} + \sum\limits_{r \neq \varrho} \sum\limits_{s \neq \sigma} a_{rs}\, D^s\, E^{\Theta_s}}\, x(t)\,.$$

[5]) Diese Gleichung ist die Grundgleichung in der Theorie der technischen linearen Regelungsvorrichtungen.

[6]) Der erste Ausdruck auf der linken Seite läßt sich immer als $a_0 = a_0\, E^0$ darstellen.

Multiplizieren wir den Zähler und den Nenner auf der rechten Seite dieses Ausdrucks mit $\left(\sum_{\varrho} \sum_{\sigma} a_{\varrho\sigma} D^{\varrho} E^{\Theta_\sigma}\right)^{-1}$, so erhalten wir folgende Gleichung:

$$y(t) = \frac{\left(\sum_{\varrho} \sum_{\sigma} a_{\varrho\sigma} D^{\sigma} E^{\Theta_\sigma}\right)^{-1}}{1 - \left(\sum_{\varrho} \sum_{\sigma} a_{\varrho\sigma} D^{\varrho} E^{\Theta_\sigma}\right)^{-1} \left(- \sum_{r \neq \varrho} \sum_{s \neq \sigma} a_{rs} D^{r} E^{\Theta_s}\right)} \, x(t) \,. \quad (5.10)$$

Setzen wir jetzt

$$S = \left(\sum_{\varrho} \sum_{\sigma} a_{\varrho\sigma} D^{\varrho} E^{\Theta_\sigma}\right)^{-1} \quad \text{und} \quad R = - \sum_{r \neq \varrho} \sum_{s \neq \sigma} a_{rs} D^{r} E^{\Theta_s} \,,$$

so stellen wir fest, daß wir die Form der Grundformel der Regelungstheorie (5.9) erhalten.

Es zeigt sich also, daß jedes lineare System gekoppelter Wirkungen in zwei Teile gegliedert werden kann, von denen der eine als Regelstrecke S und der andere als Regler R fungiert. Ein Teil der Systemelemente bildet die Regelstrecke und der Rest den Regler. Dabei ist die Aufteilung der Elemente in Regler und Regelstrecke beliebig. Allerdings gibt es eine Bedingung: Alle Elemente, die nicht der Regelstrecke angehören, müssen dem Regler zugeteilt werden und umgekehrt, und der Gesamtoperator der Reglerelemente muß der proportionalen Transformation $k = -1$ unterzogen werden. Wir veranschaulichen das anhand des Blockschaltbildes in Abb. 49. Da die Elemente beliebig in Regelstrecke und Reglersystem aufgeteilt werden können, gibt es viele Möglichkeiten, ein System gekoppelter Wirkungen zu zerlegen. Alle diese Verfahren sind jedoch einander gleichwertig.[7])

[7]) Man kann das auch am Gesamtoperator T^{-1} nachweisen, den wir zu diesem Zweck in zwei beliebige Summanden zerlegen, so daß $T^{-1} = A + B$. Die Transformation $y = T x$ ist dann $y = (A + B)^{-1} x$, das heißt:

$$y = \frac{1}{A + B} x \,.$$

Multipliziert man den Zähler und den Nenner dieses Ausdrucks mit A^{-1}, so erhält man:

$$y = \frac{A^{-1}}{1 + A^{-1} B} x \,.$$

Setzt man nun $S = A^{-1}$ und $R = -B$, so gelangt man auch hier wiederum zur Grundgleichung der Regelungstheorie (5.9).

Zur Veranschaulichung betrachten wir ein Beispiel, in dem alle Prozesse des Systems stetig sind und die Reaktionsgleichung deshalb die Form der Differentialgleichung (5.7a) annimmt. Die Lösung können wir dann folgendermaßen schreiben:

$$y(t) = \frac{1}{a_0 + a_1 D + a_2 D^2 + \cdots + a_n D^n} x(t) .$$

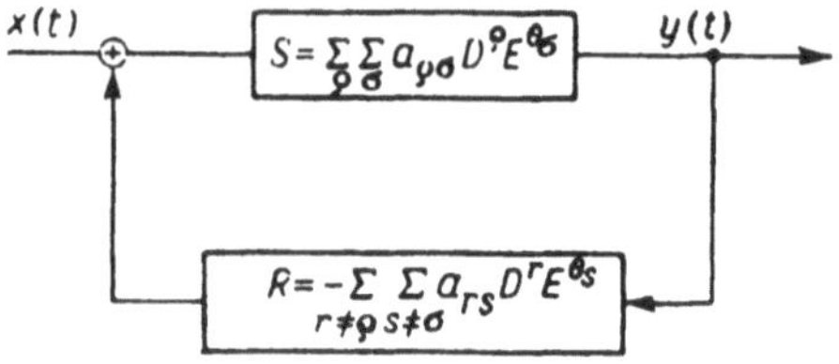

Abb. 49

Teilt man in diesem Ausdruck den Zähler und den Nenner durch a_0 (wir nehmen an, daß $a_0 \neq 0$), so gewinnen wir folgende Umformung:

$$y(t) = \frac{a_0^{-1}}{1 - a_0^{-1}(-a_1 D - a_2 D^2 - \cdots - a_n D^n)} x(t) .$$

Setzen wir $a_0^{-1} = S$ und $-a_1 D - a_2 D^2 - \cdots - a_n D^n = R$, so gelangen wir wiederum zur Grundformel der Regelungstheorie (5.9).

Als Blockschaltbild erhalten wir für diese Differentialgleichung das in Abb. 49 dargestellte Schema. Allerdings müssen wir in die Regelstrecke den Operator $S = a_0^{-1}$ eintragen und in den Regler den Operator $R = -(a_1 D + a_2 D^2 + \cdots + a_n D^n)$. Die Regelstrecke besteht also nur aus einem Element mit der proportionalen Transformation $a_0^{-1} 1 = \frac{1}{a_0}$, während der Regler eine Transformation ausführt, die eine Summe aus n Transformationen darstellt. Dieser Regler ist einem System aus n parallel gekoppelten Reglern gleichwertig, wie es in Abb. 50 dargestellt ist.

In jedem dieser Regler findet eine Transformation vom Typ $-a_r D^r$ statt, das heißt eine proportionale Transformation und r Differentiationen ($r = 1, 2, \ldots, n$). Diese Regler lassen sich nun wiederum in eine entsprechende Anzahl in Reihe gekoppelter elementarer Regler zerlegen (vgl. Abb. 51). In jeder Reihenkopplung findet eine proportionale Transformation $-a_r$ und eine r-fache Transformation statt, die auf einer Differenzierung beruht ($r = 1, 2, \ldots, n$).

Ähnlich, wenn auch etwas komplizierter, läßt sich auch Formel (5.10) veranschaulichen, das heißt die Lösung der Differential-Differenzengleichung (5.6). Auch hier können wir die systeminterne Struktur der Elementenkopplung von einem Schema ablesen und bestimmte Elemente für den Regler und die Regelstrecke aussondern. Und noch mehr, jede lineare Differential-Differenzengleichung (und somit auch

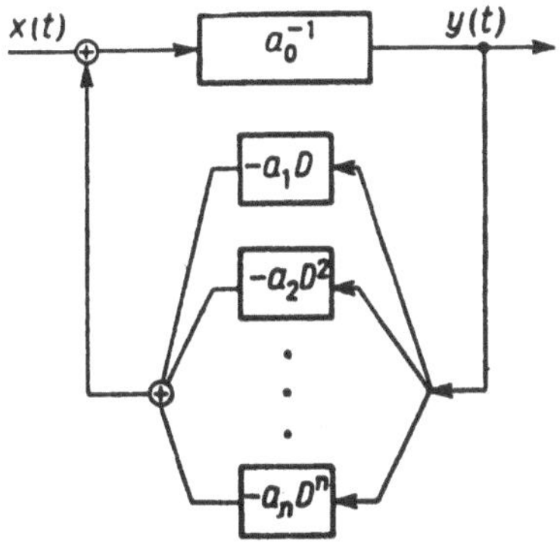

Abb. 50

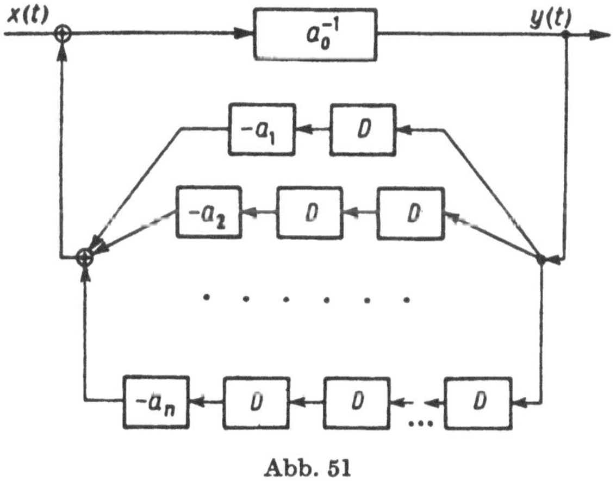

Abb. 51

jede Differential- und jede Differenzengleichung) mit konstanten Koeffizienten läßt sich mit Hilfe kybernetischer Blockschaltbilder interpretieren; denn jede solche Gleichung kann als Beschreibung gewisser

Regelungsvorgänge aufgefaßt werden. Das hat unmittelbare praktische Bedeutung, da man anhand der Blockschaltbilder, wie sie in den Abb. 50 und 51 dargestellt sind, Modelle (zum Beispiel elektrische) bzw. Analogiemaschinen zur Lösung von Differential-Differenzengleichungen gewinnen kann. Auf diese Weise lassen sich also Maschinen konstruieren (sogenannte *Analogiemaschinen* oder *Simulatoren*), die die Reaktionen verschiedener Systeme gekoppelter Wirkungen untersuchen.

Die Reaktionsgleichung (5.6) wurde unter Zuhilfenahme dreier elementarer Operatoren formuliert: des Operators k (er hat hier die Form der Koeffizienten a_{rs}), des Operators D und des Operators E^{Θ}. Diese Gleichung läßt sich jedoch auch mit nur zwei elementaren Operatoren schreiben, nämlich mit dem Proportionalitätsoperator k (wiederum in Form der Koeffizienten a_{rs}) und dem Differentialoperator D. Berücksichtigt man nämlich den durch Formel (5.2) definierten Zusammenhang zwischen dem Operator E^{Θ} und dem Operator D, so kann man anstelle des Operators E^{Θ_s} den Ausdruck $e^{\Theta_s D}$ schreiben.

Im Ergebnis dieser Ersetzung nimmt Gleichung (5.6) folgende Form an:

$$\left(\sum_{r=0}^{n} \sum_{s=0}^{m} a_{rs} D^r e^{\Theta_s D}\right) y(t) = x(t) . \qquad (5.11)$$

Dementsprechend lassen sich auch, wenn für E^{Θ_s} der Ausdruck $e^{\Theta_s D}$ eingesetzt wird, die Lösungsformel der Reaktionsgleichung und diese Reaktionsgleichung selbst in der Form der Gleichung der Regelungstheorie (5.10) schreiben. Die zuletzt für die Reaktionsgleichung erwähnte Schreibweise ist ein besonders günstiger Ausgangspunkt für ihre Lösung.

2. Die Lösung der Reaktionsgleichung des Systems

Wir behandeln nun die Lösungsverfahren der Differential-Differenzengleichung (5.11), auf deren Grundlage wir die allgemeine Theorie der Regelung von Systemen aufgebaut hatten.

Wir unterscheiden bei dieser Gleichung zunächst zwei Fälle:

1. Die Gleichung ist homogen oder $x(t) = 0$ für alle Werte von t;
2. Die Gleichung ist nichthomogen, oder $x(t) \neq 0$ für zumindest einige Werte von t.

Wir beschäftigen uns zunächst mit dem homogenen Fall, das heißt mit dem Ausdruck:

$$\left(\sum_{r=0}^{n} \sum_{s=0}^{m} a_{rs} D^r e^{\Theta_s D}\right) y(t) = 0 . \tag{5.12}$$

Die Lösungsmethode für eine homogene lineare Differential-Differenzengleichung mit konstanten Koeffizienten unterscheidet sich in nichts von der Lösung einer linearen Differentialgleichung mit konstanten Koeffizienten, das heißt, sie ist allgemein bekannt. Wir hatten bereits weiter oben ein einfaches Beispiel vorgeführt, und zwar eine Differentialgleichung erster Ordnung, als wir Gleichung (4.6) in Kapitel IV gelöst hatten.

Wir nehmen an, daß die Lösung die Form einer Exponentialfunktion $y(t) = e^{\lambda t}$ hat und überzeugen uns davon durch Einsetzen in die Gleichung (5.12). Wegen $D^r e^{\lambda t} = \lambda^r e^{\lambda t}$ finden wir:

$$\left(\sum_{r=0}^{n} \sum_{s=0}^{m} a_{rs} \lambda^r e^{\Theta_s \lambda}\right) e^{\lambda t} = 0$$

und wegen $e^{\lambda t} \neq 0$:

$$\sum_{r=0}^{n} \sum_{s=0}^{m} a_{rs} \lambda^r e^{\Theta_s \lambda} = 0 . \tag{5.13}$$

Es zeigt sich also, daß die Funktion $y(t) = e^{\lambda t}$ tatsächlich eine Lösung der Gleichung (5.12) ist, wenn der Parameter λ die Gleichung (5.13) erfüllt, das heißt, wenn er eine Wurzel dieser Gleichung ist. Gleichung (5.13) ist die sogenannte charakteristische Gleichung der Differential-Differenzengleichung.

Sind nun alle Prozesse in einem System stetig, so ist die linke Seite der charakteristischen Gleichung ein algebraisches Polynom n-ten Grades, und die Gleichung besitzt n Wurzeln (wenn man eine p-fache Wurzel als p Wurzeln zählt). Im allgemeinen Falle jedoch, wenn also auch diskrete Prozesse stattfinden, die in die Gleichung die charakteristischen Faktoren $e^{\Theta_s \lambda}$ einführen, ist die linke Seite ein sogenanntes Exponentialpolynom (also eine sogenannte Übergangsfunktion). Das Exponentialpolynom ist eine analytische Funktion, die für die gesamte komplexe Zahlenebene definiert ist. In diesem Bereich ist $e^{\Theta_s \lambda}$ eine periodische Funktion mit der Periode $2\pi i$. Das hat zur Folge, daß es unendlich viele charakteristischen Wurzeln gibt. Die Menge der charakteristischen Wurzeln ist abzählbar, da aus der Theorie der analytischen Funktionen bekannt ist, daß im Definitionsbereich die Nullstellen der analytischen Funktion isoliert sind. Es existiert also eine Folge von Funktionen $y_1 = e^{\lambda_1 t}$, $y_2 = e^{\lambda_2 t}$, ..., die Lösungen der Differential-Differenzengleichungen sind. Diese Folge ist im allgemeinen unendlich, mit Ausnahme des Falles, wenn alle $\Theta_s = 0$ und die Gleichung zu einer gewöhnlichen Differentialgleichung wird. Das charakteristische Polynom ist dann ein algebraisches Polynom.

Durch Substitution und Induktion läßt sich nun zeigen, daß dann, wenn die Funktionen $e^{\lambda_1 t}$, $e^{\lambda_2 t}$, ... Lösungen der homogenen Gleichung (5.12) sind, auch eine Linearkombination dieser Funktionen eine Lösung dieser Gleichung darstellt. Infolgedessen erhalten wir als allgemeine Lösung der homogenen Differential-Differenzengleichung (5.12) folgende Form:

$$Y(t) = \sum_j K_j e^{\lambda_j t} .$$

Wenn die Wurzel λ_j mehrfach ist, sagen wir p-fach, so sind, wie durch Substitution bewiesen werden kann, neben der Funktion $e^{\lambda_j t}$ auch die Funktionen $t\, e^{\lambda_j t}$, $t^2 e^{\lambda_j t}$, ..., $t^{p-1} e^{\lambda_j t}$ Lösungen der Gleichung (5.12).[8]) Aber auch die gewogene Summe $(K_1 + K_2 t + K_3 t^2 + \cdots + K_p t^{p-1}) e^{\lambda_j t}$ stellt eine Lösung dar; in der Klammer steht hier ein Polynom, das um einen Grad geringer ist als der Grad der Funktion. Zieht man also die Möglichkeit mehrfacher Wurzeln in Betracht, so läßt sich folgende allgemeine Lösung schreiben:

$$y(t) = \sum_j q_j(t)\, e^{\lambda_j t} , \tag{5.14}$$

[8]) Wir bezeichnen die linke Seite der charakteristischen Gleichung (5.13) mit $F(\lambda)$. Wie bereits erwähnt wurde, ist $F(\lambda)$ eine analytische Funktion von λ im Bereich der gesamten komplexen Zahlenebene. Ist λ_j eine p-fache Wurzel der Gleichung $F(\lambda) = 0$, dann gilt:

$$F(\lambda) = (\lambda - \lambda_j)^{p\, \Phi(\lambda)} , \quad \text{wo} \quad \Phi(\lambda) \neq 0 .$$

Daraus ergibt sich, daß $F'(\lambda_j) = F''(\lambda_j) = \cdots = F^{(p-1)}(\lambda_j) = 0$. Differenzieren wir hintereinander die homogene Gleichung $F(\lambda)\, e^{\lambda t} = 0$, so erhalten wir:

$$F'(\lambda)\, e^{\lambda t} + F(\lambda)\, t\, e^{\lambda t} = 0$$

$$F''(\lambda)\, e^{\lambda t} + 2\, F'(\lambda)\, t\, e^{\lambda t} + F(\lambda)\, t^2 e^{\lambda t} = 0 \quad \text{usw.}$$

Wenn λ_j eine p-fache Wurzel ist, so erhalten wir:

$$F(\lambda_j)\, e^{\lambda_j t} = F(\lambda_j)\, t\, e^{\lambda_j t} = F(\lambda_j)\, t^2 e^{\lambda_j t} = \cdots = F(\lambda_j)\, t^{p-1} e^{\lambda_j t} = 0 ,$$

folglich sind

$$e^{\lambda_j t},\ t\, e^{\lambda_j t},\ t^2 e^{\lambda_j t} \ldots,\ t^{p-1} e^{\lambda_j t}$$

Lösungen der homogenen Gleichung (5.12).

wo $q_j(t)$ ein Polynom ist, das um einen Grad kleiner ist als die Vielfachheit der charakteristischen Wurzel; ist die Wurzel einfach, so ist $q_j(t)$ konstant.

Die Koeffizienten ermitteln wir aus den Ausgangsbedingungen des Problems. Wenn nun, wie es im allgemeinen der Fall ist, die Anzahl dieser Koeffizienten abzählbar unendlich ist, benötigen wir eine unendliche Anzahl von Ausgangsbedingungen. Ihre Anzahl ist implizit gegeben, wenn der Verlauf der Funktion für den Anfangsabschnitt $t = 0$ bis $t = \max \Theta_s$ bekannt ist, das heißt für den Bereich des maximalen Voreilens.

Wir beschäftigen uns nun mit der Lösung der nichthomogenen Differential-Differenzengleichung (5.11). Diese Lösung kann man als Summe zweier Funktionen darstellen: $y(t) = \bar{y}(t) + \hat{y}(t)$. Die erste Funktion ist die allgemeine Lösung der entsprechenden homogenen Gleichung, die wir gewonnen hatten, weil wir auf der rechten Seite $x(t) = 0$ (die sogenannte reduzierte Gleichung) angenommen hatten, und die zweite Funktion ist eine beliebige spezielle Lösung der nichthomogenen Gleichung.

Zur Bestätigung dessen braucht man nur die Summe $\bar{y}(t) + \hat{y}(t)$ in die nichthomogene Gleichung (5.11) einzusetzen. Nach dem Ordnen der Glieder erhalten wir:

$$\left(\sum_{r=0}^{n} \sum_{s=0}^{m} a_{rs} D^r e^{\Theta_s D}\right) \bar{y}(t) + \left(\sum_{r=0}^{n} \sum_{s=0}^{m} a_{rs} D^r e^{\Theta_s D}\right) \hat{y}(t) = x(t) .$$

Da $\bar{y}(t)$ die allgemeine Lösung der homogenen Gleichung ist, ist der erste der beiden Summanden gleich Null. Der zweite Summand ist hingegen gleich $x(t)$, da $\hat{y}(t)$ eine spezielle Lösung der nichthomogenen Gleichung darstellt. Somit erfüllen also $\bar{y}(t) + \hat{y}(t)$ die nichthomogene Gleichung (5.11).

Die allgemeine Lösung der Gleichung (5.11) läßt sich somit folgendermaßen schreiben:

$$y(t) = \sum q_j(t) e^{\lambda_j t} + \hat{y}(t) , \tag{5.15}$$

wo $\hat{y}(t)$ eine spezielle Lösung der nichthomogenen Gleichung ist. Eine spezielle Lösung $\hat{y}(t)$ läßt sich am leichtesten mit der Operatormethode finden. Sie ist durch Formel (5.8) gegeben. Führen wir anstelle des Operators E^{Θ_s} den Operator $e^{\Theta_s D}$ ein, so erhalten wir:

$$\hat{y}(t) = \left(\sum_{r=0}^{n} \sum_{s=0}^{m} a_{rs} D^r e^{\Theta_s D}\right)^{-1} x(t) . \tag{5.16}$$

Dieser Ausdruck ist die Lösung der Differential-Differenzengleichung (5.11). Wir können uns davon wiederum durch Einsetzen in die Gleichung überzeugen; wir erhalten nämlich $x(t) = x(t)$.

Wie wir bereits wissen, läßt sich der Ausdruck (5.16) auf die Grundformel der Regelungstheorie zurückführen (5.9). Er läßt sich nämlich folgendermaßen schreiben:

$$\hat{y}(t) = \frac{S}{1 - S R} x(t) , \tag{5.17}$$

wo $S = \left(\sum_{\varrho} \sum_{\sigma} a_{\varrho \sigma} D^{\varrho} e^{\Theta_{\sigma}}\right)^{-1}$ und $R = - \sum_{r \neq \varrho} \sum_{s \neq \sigma}{}' a_{rs} D^{r} e^{\Theta_{s} D}$.

Infolgedessen läßt sich die Lösung der Reaktionsgleichung des Systems folgendermaßen schreiben:

$$y(t) = \sum q_j(t) e^{\lambda_j t} + \frac{S}{1 - S R} x(t) . \tag{5.18}$$

Diese Lösung definiert die Aufrechterhaltung des Systemausganges, also die Ausgangsfunktion $y(t)$, wenn der Eingang eine vorgegebene „Einspeisung" ist, die der Eingangsfunktion $x(t)$ entspricht. Wie aus den Formeln (5.15) und (5.18) zu ersehen ist, drückt sich diese Festlegung des Ausgangszustandes als Summe zweier Summanden aus. Der zweite von ihnen, nämlich die spezielle Lösung $\hat{y}(t) = \frac{S}{1 - S R} x(t)$, hängt von der Eingangsfunktion $x(t)$ ab, das heißt vom zeitlichen Verlauf des Eingangszustandes. Wir bezeichnen ihn deshalb als *stationäre Komponente.*[9]) Der erste Summand — die Lösung der homogenen Gleichung — ist hingegen vom Eingangszustand des Systems unabhängig. Er wird ausschließlich von den strukturellen Eigenschaften des Systems festgelegt, von seinen „spezifischen Besonderheiten", die in den charakteristischen Wurzeln zum Ausdruck kommen. Dieser zweite Summand heißt *spezifische Komponente.* Die charakteristischen Wurzeln λ_j können entweder reelle oder komplexe Zahlen sein, die immer in konjugierten Paaren auftreten, da die Koeffizienten a_{rs} laut Annahme reell sind. Sind die Wurzeln reell, so gibt es drei Fälle:

1. Alle Wurzeln sind reell und negativ, das heißt $\lambda_j < 0$ für alle j. Dann geht für $t \to \infty$ die spezifische Komponente gegen Null; sie verschwindet mit der Zeit, und wird deshalb auch als *abklingende Komponente* bezeichnet. Infolgedessen geht die allgemeine Lösung $y(t)$ gegen $\hat{y}(t)$, also gegen die stationäre Komponente, die durch die Grundformel

[9]) In der Fachliteratur wird auch der Terminus *erzwungene Komponente* verwendet.

der Regelungstheorie gegeben ist. Dieses System ist also stabil, es strebt einem definierten *Gleichgewichtszustand* zu. Dieser Gleichgewichtszustand ändert sich mit der Zeit, wenn die Eingangsgröße $x(t)$ veränderlich ist. Wir sprechen dann von einem *beweglichen Gleichgewicht*. Er ist unveränderlich, wenn die Eingangsgröße konstant ist, das heißt, wenn $x(t) = \text{const.}$ ist. Wir sprechen dann von einem *stationären Gleichgewicht*. Die Konvergenz gegen den Gleichgewichtszustand ist monoton.

Wenn ein System der Regelung unterliegt, so existiert ein Sollwert (eine Norm) $z(t)$, den der Ausgangszustand des Systems erfüllen muß. Im Falle der Zeitplanregelung ist dieser Sollwert das Ergebnis des Steuerungsprogramms. Ist $\hat{y}(t) = z(t)$, dann erfüllt das System die ihm gestellte Aufgabe, und ist $\hat{y}(t) \neq z(t)$, dann ist ein ständiger systematischer Fehler $\varepsilon(t) = \hat{y}(t) - z(t)$ vorhanden. Dieser Fehler läßt sich bekanntlich dadurch beseitigen, daß man entweder den Teil des Systems, der als Regler fungiert, korrigiert, oder die Eingangsgröße, das heißt die Eingangsfunktion $x(t)$, entsprechend ändert.

2. Ein oder mehrere reelle Wurzeln $\lambda_j > 0$. Dann geht für $t \to \infty$ der Summand der allgemeinen Lösung in (5.15) bzw. (5.18) gegen unendlich. Das System ist *nichtstabil*, und der Ausgangszustand $y(t)$ entfernt sich immer mehr vom Gleichgewichtszustand, der durch die stationäre Komponente der Eingangssummanden definiert ist. Die „spezifischen Besonderheiten" des Systems stören in immer stärkerem Maße den Effekt, der durch den Eingang $x(t)$ erzeugt wird; das System „entzieht sich" immer stärker dem Einfluß des Einganges. In einem solchen Falle bezeichnet der spezifische Summand $y(t)$ die *Entwicklungstendenz* des Ausgangszustandes des Systems. Diese Tendenz hängt nicht vom Systemeingang $x(t)$ ab, sondern ausschließlich von den „spezifischen Besonderheiten" des Systems; sie drückt sein *inneres Bewegungsgesetz* aus.[10])

3. Alle Wurzeln λ_j sind gleich Null. Dann nimmt der spezifische Summand der Lösung einen beliebigen Wert an, und wir erhalten

[10]) Den Ausdruck „Bewegungsgesetz" verwendet Marx, um die Gesetzmäßigkeiten der Entwicklung zu umreißen, die sich aus den „spezifischen Besonderheiten" des kapitalistischen Systems ergeben. Vgl. Das Kapital, Dietz Verlag Berlin 1953, S. 7 (ungenau zitiert). Der verallgemeinerte Begriff „inneres Bewegungsgesetz" des Systems wird eingeführt von O. Lange in Ganzheit und Entwicklung in kybernetischer Sicht, Akademie-Verlag Berlin 1966, S. 29.

$y(t)$ = beliebiger Wert + $\hat{y}(t)$. Wir sagen dann, daß sich das System *an der Stabilitätsgrenze* befindet, wobei es beliebig weit vom Gleichgewichtszustand $\hat{y}(t)$ entfernt sein kann. Allerdings nimmt diese Entfernung (Abweichung) weder zu noch ab. Jeder Zustand des Systems ist gewissermaßen ein Gleichgewichtszustand.

Wir untersuchen nun den Fall, daß die charakteristische Gleichung komplexe Wurzeln hat. Es sei $\lambda_j = \alpha_j + i\,\beta_j$; dann läßt sich die Funktion $e^{\lambda_j t}$ in der Form

$$e^{\lambda_j t} = e^{\alpha_j t}\, e^{i\beta_j t}$$

schreiben. Benutzen wir die bekannte Eulersche Formel $e^{i\omega} = \cos\omega + i\sin\omega$, so erhalten wir:

$$e^{\lambda_j t} = e^{\alpha_j t}\,(\cos\beta_j\, t + i\sin\beta_j\, t)\,. \tag{5.19}$$

In dem Falle also, wenn eine charakteristische Wurzel komplex ist, enthält der spezifische Summand $\bar{y}(t)$ der Lösung der Reaktionsgleichung einen Faktor, der eine periodische Funktion ist. Der zeitliche Verlauf des Ausganges $y(t)$ ist dann eine Schwingung, deren Charakter vom Vorzeichen des Realteils der Wurzel λ_j abhängt, also vom Vorzeichen der Größe α_j, die die Schwingungsamplitude bestimmt. Ist $\alpha_j < 0$, so wird die Schwingung gedämpft und klingt mit der Zeit ab, bei $\alpha_j = 0$ ist die Schwingung gleichbleibend, das heißt, sie schwingt mit konstanter Amplitude, und bei $\alpha_j > 0$ wird die Schwingungsamplitude unendlich groß.

Da man die reellen Zahlen als eine Teilmenge der komplexen Zahlen betrachten kann, lassen sich die bisherigen Ergebnisse wie folgt zusammenfassen: Die charakteristischen Wurzeln fassen wir als komplexe Zahlen

$$\lambda_j = \mathrm{Re}\,\lambda_j + \mathrm{Im}\,\lambda_j$$

auf, in denen $\mathrm{Re}\,\lambda_j$ der Realteil und $\mathrm{Im}\,\lambda_j$ der Imaginärteil ist. Der Realteil bestimmt die Stabilität des Systems: Es ist stabil, wenn $\mathrm{Re}\,\lambda_j < 0$ für alle λ_j ist, es befindet sich an der Stabilitätsgrenze, wenn $\mathrm{Re}\,\lambda_j = 0$ für alle λ_j und es ist nichtstabil, wenn $\mathrm{Re}\,\lambda_j > 0$ für ein oder mehrere λ_j. Der Imaginärteil legt fest, ob der Ausgangszustand einen monotonen oder oszillierenden zeitlichen Verlauf hat. Der Verlauf ist monoton, wenn $\mathrm{Im}\,\lambda_j = 0$ für alle λ_j und oszillierend, wenn $\mathrm{Im}\,\lambda_j \neq 0$ für ein oder mehrere λ_j ist.

Besondere Aufmerksamkeit verdient der Fall, wenn es eine oder mehrere positive reelle und eine oder mehrere komplexe Wurzeln gibt, für die Re $\lambda_j < 0$ ist. Die positiven reellen Wurzeln bestimmen die Entwicklungstendenz des Systems, die komplexen Wurzeln hingegen die Schwingungen seines Ausgangszustandes. Da der spezifische Summand der Lösung eine Summe von Ausdrücken des Typs $q_j(t)\, e^{\lambda_j t}$ ist, tritt eine Überlagerung der Tendenz und der Schwingungen ein. Da jedoch Re $\lambda_j < 0$, verschwinden die Schwingungen mit der Zeit, so daß also die Abweichungen von der Tendenz allmählich überwunden werden. In einem solchen Falle sprechen wir von dem *Selbst-Ausgleich* des Systems.[11]) Die „spezifischen Besonderheiten" eines Systems determinieren also sein „inneres Entwicklungsgesetz", das seinerseits in der dem System eigenen Tendenz des zeitlichen Verlaufs des Ausgangszustandes seinen Ausdruck findet. Die gleichen „spezifischen Besonderheiten" bestimmen auch die Art und Weise, wie Abweichungen von der Tendenz, die als Schwingungen in Erscheinungen treten, von selbst überwunden werden.

Von besonderem Interesse ist in diesem Zusammenhang ein System, das sich an der *Grenze des Selbst-Ausgleichs* befindet. Das tritt dann ein, wenn ein Teil der charakteristischen Wurzeln reell und positiv ist, ein anderer Teil hingegen komplex, wobei Re $\lambda_j \leq 0$, und für mindestens eines von ihnen Re $\lambda_j = 0$ gilt. Dann wird die Tendenz von einer Schwingung mit konstanter Amplitude überlagert. Dieser Fall bildet, wie leicht einzusehen ist, die Grundlage für das Modell der Theorie der kapitalistischen Wirtschaftskrisen, zumindest für eine ihrer Entwicklungsphasen.

Ob ein System stabil, monoton oder oszillierend ist, hängt also von der spezifischen Komponente der Reaktionsgleichung ab, und ob es sich im Gleichgewichtszustand befindet, von der stationären Komponente. Diese beiden Komponenten sind jedoch nicht unabhängig. Es zeigt sich nämlich, daß zwischen den charakteristischen Wurzeln λ_j, die in den spezifischen Komponenten und in den Operatoren S und R des Eingangssummanden auftreten, ein bestimmter Zusammenhang existiert. Dieser Zusammenhang hat seine Ursache darin, daß die stationäre Komponente $\hat{y}(t)$ die Reaktion des Systems auf den Eingangszustand $x(t)$ ausdrückt. Verschiedene Systeme reagieren nun unter-

[11]) Vgl. dazu O. Lange, Ganzheit und Entwicklung in kybernetischer Sicht, Akademie-Verlag Berlin 1966, S. 65ff. Dort wird von Selbst-Steuerung gesprochen. Wir vermeiden hier diesen Ausdruck, da der Begriff Steuerung in diesem Buch anders gebraucht wird. (Anmerkung der deutschen Redaktion).

schiedlich auf die gleiche Eingabe, da die Reaktion von der Beschaffenheit des Systems abhängt, das heißt von seinen „spezifischen Besonderheiten". Von diesen „spezifischen Besonderheiten" hängen aber auch die charakteristischen Wurzeln ab, und folglich auch die spezifische Komponente in der Lösung der Reaktionsgleichung.

Den Zusammenhang zwischen den Operatoren S und R auf der einen Seite und den charakteristischen Wurzeln λ_j auf der anderen Seite können wir folgendermaßen ermitteln: Weiter oben hatten wir gesehen, daß sich die Grundgleichung der Regelungstheorie in Form folgender unendlicher Reihe schreiben läßt[12]):

$$y(t) = [1 + (S\,R) + (S\,R)^2 + \cdots]\,S\,x(t)\,.$$

Diese Reihe drückt aus, in welcher Weise die Ausgangsfunktion $y(t)$ von der Eingangsfunktion $x(t)$ abhängt. Diese Abhängigkeit ist aber gleichzeitig die Lösung der Reaktionsgleichung des Systems, wie sie Formel (5.18) angibt, nämlich

$$y(t) = \sum_j q_j(t)\,e^{\lambda_j t} + \frac{S}{1 - S\,R}\,x(t)\,.$$

Der erste Ausdruck konvergiert gegen den Gleichgewichtszustand $y(t) = \frac{S}{1 - S\,R}\,x(t)$, wenn $|S\,R| < 1$, wo $|S\,R|$ die obere Grenze von $\left|\frac{\hat{y}(t)}{y(t)}\right|$ in dem untersuchten Zeitabschnitt t ist. Der zweite Ausdruck konvergiert für $t \to \infty$ gegen den gleichen Gleichgewichtszustand, wenn für alle charakteristischen Wurzeln $\operatorname{Re}\lambda_j < 0$. Folglich ist die Stabilitätsbedingung $\operatorname{Re}\lambda_j < 0$ gleichbedeutend mit der weiter oben besprochenen[13]) Stabilitätsbedingung $|S\,R| < 1$, wo $|S\,R|$ als obere Grenze des absoluten Betrages des Übertragungsfaktors $\frac{\hat{y}(t)}{y(t)}$ im Bereich (t_0, ∞)[14]) definiert ist.

Dem auf diese Weise definierten absoluten Betrag entspricht folgender Ausdruck:

$$S\,R = \varrho_j = \frac{\lambda_j + 1}{\lambda_j - 1} \qquad (j = 1, 2, \ldots)\,.$$

Das ist eine Transformation, die den Kreis mit dem Radius 1 in der komplexen ϱ-Zahlenebene in die linke komplexe λ-Halbebene transformiert und umgekehrt. Sie besitzt die Eigenschaft, daß $|\varrho_j| < 1$ dann

[12]) Vgl. Kapitel III, Abschnitt 3.

[13]) Vgl. Kapitel III.

[14]) Wie bereits weiter oben in Kapitel III ausgeführt wurde, existiert für lineare Operatoren immer eine obere Grenze.

und nur dann ist, wenn $\lambda_j < 0$ ist.[15]) Auf diese Weise entspricht jeder Wurzel λ_j mit einem negativen Realteil ein absoluter Betrag $|\varrho_j| = |S R| < 1$. Die Stabilitätsbedingung des Systems, die sich aus der Lösung der Reaktionsgleichung ergibt, erweist sich als identisch mit der Stabilitätsbedingung, die sich aus der Entwicklung des Rückkopplungsfaktors der Grundformel der Regelungstheorie in folgende unendliche Reihe ergibt:

$$\frac{1}{1 - S R} = 1 + (S R) + (S R)^2 + \cdots .$$

3. Das Konjunkturmodell von Michał Kalecki

Wir führen nun die Reaktionsgleichung eines Systems und ihre Lösung anhand des von M. Kalecki ausgearbeiteten Modells des kapitalistischen Konjunkturzyklus vor.[16]) Kalecki untersucht folgende

[15]) Wir schreiben $\lambda = \alpha + \beta i$. Dann erhalten wir:

$$\varrho = \frac{\lambda + 1}{\lambda - 1} = \frac{(\alpha + 1) + i \beta}{(\alpha - 1) + i \beta}$$

und

$$|\varrho|^2 = \frac{|(\alpha + 1) + i \beta|^2}{|(\alpha - 1) + i \beta|^2} = \frac{(\alpha + 1)^2 + \beta^2}{(\alpha - 1)^2 + \beta^2} .$$

Wenn $|\varrho| < 1$, so ist auch $|\varrho|^2 < 1$ und umgekehrt. Dann ist $(\alpha + 1)^2 + \beta^2 < (\alpha - 1)^2 + \beta^2$, und daraus ergibt sich $2 \alpha < - 2 \alpha$, das heißt $\alpha < 0$.

[16]) Das Modell von Kalecki, das ein weltweites Echo fand, erschien erstmalig in dem Buch Próba teorii koniunktury, Warszawa 1933 (teilweiser Neuabdruck in M. Kalecki, Prace z teorii koniunktury 1933—1939, Warszawa 1962). Später trat diese Theorie in verschiedenen Abarten auf, von denen wir hier die wichtigsten aufzählen: A Macrodynamic Theory of Business Cycles, in „Econometrica" 1935; Studies in Economic Dynamics, London 1943, Theory of Economic Dynamics, London 1954 (polnisch: Teoria dynamiki gospodarczej, Warszawa 1958). Eine grundlegende Besprechung des Modells von Kalecki findet sich in R. G. D. Allen, Mathematical Economics, London - NewYork 1957, S. 251—261 und 286—288 (polnisch: Ekonomia matematyczna, Warszawa 1961, S. 265—294). In einer etwas vereinfachten Form wird dieses Modell eingeführt und besprochen von O. Lange in Pisma ekonomiczne i społeczne, Warszawa 1961 und von M. H. Chiksy, Feedback and Stability, in Operations Research and Systems in Engineering, Red. C. D. Flagle, W. H. Huggin und R. H. Roy, Baltimore 1960. Das Modell von Michał Kalecki wird auch von A. Tustin behandelt, und zwar in The Mechanism of Economic Systems, London 1953, S. 12—14.

makroökonomische Größen, die für den Zeitpunkt t definiert sind: den Vorrat an Investitionsgütern $K(t)$, die Menge der Investitionsgüter, die über den Erneuerungsbedarf hinaus geschaffen wurden, das heißt die Nettoproduktion an Investitionsgütern $L(t)$, den Umfang der Investitionsvorhaben $B(t)$, das Nationaleinkommen $Y(t)$, die Gesamtkonsumtion $C(t)$ und die Gesamtnettoinvestitionen $I(t)$.

Zwischen diesen Größen existieren gewisse Zusammenhänge, die sich durch folgende Formeln ausdrücken lassen:

$$\frac{dK(t)}{dt} = L(t)\,, \tag{5.20}$$

das heißt, der Zuwachs an Investitionsgütern ist gleich der Nettoproduktion an Investitionsgütern.

$$L(t + \Theta) = B(t)\,, \tag{5.21}$$

die Nettoproduktion von Investitionsgütern ist also zum Zeitpunkt $t + \Theta$ gleich dem Umfang der Investitionsvorhaben, die im Zeitpunkt t beschlossen wurden. Zwischen der Festlegung der Investitionsvorhaben und der Herstellung der entsprechenden Investitionsgüter verstreicht somit die Zeit Θ, die als konstant angenommen wird.

$$B(t) = a\,[Y(t) - C(t)] - b\,K(t)\,, \quad \text{mit} \quad a > 0, b > 0\,. \tag{5.22}$$

Der Umfang der Investitionsvorhaben ist dem nichtkonsumierten Teil des Nationaleinkommens porportional, das heißt der Gesamtakkumulation (Gesamtspartätigkeit). Kalecki nimmt nun an, daß nur die Kapitalisten akkumulieren und dementsprechende Investitionsvorhaben einleiten. Aber selbst in dem Falle, wenn außer den Kapitalisten noch andere akkumulieren, werden die aufgehäuften Ersparnisse den Kapitalisten auf dem Wege des Kredits zur Verfügung gestellt, so daß auch sie in die Investitionstätigkeit einfließen. Das ist deshalb der Fall, weil bei gegebenem Nationaleinkommen und gegebener Konsumtion die Rentabilität der Investitionen um so geringer ist, je größer der Vorrat an Investitionsgütern ist.

$$Y(t) = C(t) + I(t)\,, \tag{5.23}$$

das heißt, das Nationaleinkommen ist die Summe der Konsumtion und der Investitionen.

$$C(t) = c\,Y(t), \quad \text{mit} \quad 0 < c < 1\,. \tag{5.24}$$

Die Gesamtkonsumtion ist dem Nationaleinkommen proportional; c ist der Konsumtionskoeffizient.

$$I(t) = \frac{1}{\Theta} \int_{t-\Theta}^{t} B(t)\, dt\,, \tag{5.25}$$

das heißt, die Gesamtinvestitionen zum Zeitpunkt t sind gleich dem Durchschnitt aller Investitionsvorhaben, die im Zeitintervall $(t - \Theta, t)$ beschlossen wurden. Zum Zeitpunkt t sind also bereits alle Investitionsvorhaben, die für dieses Zeitintervall bestätigt wurden, in Ausführung $\left(\int_{t-\Theta}^{t} B(t)\, dt\right)$; fertiggestellt ist jedoch nur der Θ-te Teil dieser Menge.

Für die Zwecke unserer Analyse ist es vorteilhafter, diese Gleichungen in Operatorform zu schreiben. Wir erhalten dann folgende Ausdrücke:

$$D\, K(t) = L(t) \tag{5.26}$$

$$E^{\Theta}\, L(t) = B(t) \tag{5.27}$$

$$B(t) = a\,[Y(t) - C(t)] - b\, K(t) \tag{5.28}$$

$$Y(t) = C(t) + I(t) \tag{5.29}$$

$$C(t) = c\; Y(t) \tag{5.30}$$

$$I(t) = \frac{1}{\Theta} D^{-1} (1 - E^{-\Theta})\, B(t)\,. \qquad (5.31)^{17)}$$

Diese Gleichungen bestimmen ein lineares System gekoppelter Wirkungen, das schematisch im Blockschaltbild von Abb. 52 dargestellt ist. Wie aus diesem Schema zu entnehmen ist, hat das Regelungssystem drei Rückkopplungen. Die erste Rückkopplung vereinigt die Elemente, die durch die Operatoren $E^{-\Theta}$, D^{-1} und $-b$ festgelegt sind, bzw. durch die entsprechenden Gleichungen (5.26), (5.27) und (5.28); die zweite Rückkopplung vereinigt die Elemente, die durch die Operatoren 1 und c charakterisiert werden, bzw. durch die entsprechenden Gleichungen (5.29) und (5.30) und die dritte schließlich die Operatoren $\frac{1}{\Theta} D^{-1} (1 - E^{-\Theta})$, 1, c, -1 und a, denen die Gleichung (5.31), das erste

[17]) In der Gleichung (5.31) haben wir das bestimmte Integral: $\int_{t-\Theta}^{t} B(t)\, dt = \int B(t)\, dt - \int B\,(t - \Theta)\, dt$. In Operatorform geschrieben nimmt es folgende Form an:

$$D^{-1} B(t) - D^{-1} E^{-\Theta} B(t) = D^{-1} (1 - E^{-\Theta})\, B(t)\,.$$

Glied auf der rechten Seite von (5.28) und das zweite Glied auf der rechten Seite von (5.29) entsprechen. Wie wir sehen, finden in diesem Regelungssystem folgende Transformationen statt: die proportionale Transformation $\left(\text{mit den entsprechenden Operatoren } 1,\ a,\ -b,\ c,\ \frac{1}{\Theta}\right)$, die Differentiation (mit dem Operator D), die Integration (mit dem Operator D^{-1}), das Voreilen (mit dem Operator E^{Θ}) und das Nacheilen (mit dem Operator $E^{-\Theta}$).

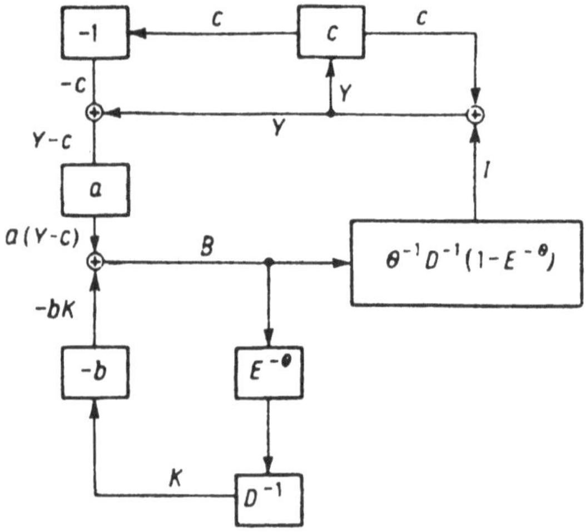

Abb. 52

Das Gleichungssystem (5.26)—(5.31) läßt sich zu einer einzigen Gleichung zusammenfassen. Vereinen wir die Gleichungen (5.26), (5.27) und (5.28), so erhalten wir:

$$D\, E^{\Theta}\, K(t) = a\,[Y(t) - C(t)] - b\, K(t)\,.$$

Wegen (5.30) können wir für diesen Ausdruck schreiben:

$$D\, E^{\Theta}\, K(t) = a\,(1 - c)\; Y(t) - b\, K(t)\,.$$

Vereinen wir noch die Gleichungen (5.29) und (5.30), so erhalten wir:

$$Y(t) = \frac{1}{1 - c}\, I(t)\,.$$

Setzen wir dieses Ergebnis in die vorhergehende Gleichung ein, so ergibt sich:

$$D\, E^{\Theta}\, K(t) = a\, I(t) - b\, K(t)\,,$$

und setzen wir wiederum anstelle von $I(t)$ die rechte Seite von (5.25), so finden wir:

$$D\,E^{\Theta}\,K(t) = a\,\frac{1}{\Theta}\,D^{-1}\,(1 - E^{-\Theta})\,B(t) - b\,K(t)\,.$$

Auf der Grundlage der Gleichungen (5.20) und (5.21) erhalten wir $B(t) = E^{\Theta}\,D\,K(t)$, und berücksichtigen wir diesen Zusammenhang, so erhalten wir:

$$D\,E^{\Theta}\,K(t) = a\,\frac{1}{\Theta}\,D^{-1}\,(1 - E^{-\Theta})\,E^{\Theta}\,D\,K(t) - b\,K(t)\,.$$

Daraus gewinnen wir schließlich:

$$D\,E^{\Theta}\,K(t) = \frac{a}{\Theta}\,(E^{\Theta} - 1)\,K(t) - b\,K(t)\,. \tag{5.32}$$

Das so gewonnene Ergebnis ist eine lineare Differential-Differenzengleichung mit konstanten Koeffizienten. Da der zeitliche Verzug Θ zwischen der Bestätigung der Investitionsvorhaben und der Herstellung der entsprechenden Investitionsgüter eine konstante Größe ist, kann man ihn als Zeiteinheit annehmen, das heißt $\Theta = 1$ setzen. Wegen $E = e^D$ können wir die Differential-Differenzengleichung in folgender Form schreiben:

$$[D\,e^D + a\,(1 - e^D)]\,K(t) + b\,K(t) = 0$$

bzw.

$$[(D - a)\,e^D + a + b]\,K(t) = 0\,. \tag{5.33}$$

Der Operator $(D - a)\,e^D + a + b$ auf der linken Seite des von uns gewonnenen Resultats ist der *Gesamtoperator* des Systems, das durch die Gleichungen (5.26)—(5.31) bestimmt ist. Die Differential-Differenzengleichung (5.33) ist die *Reaktionsgleichung* dieses Systems; sie entspricht der weiter oben besprochenen Transformation $T^{-1}\,y(t) = x(t)$. Die Ausgangsfunktion des Systems $K(t)$ beschreibt den Verlauf der zeitlichen Veränderungen des Vorrates an Investitionsgütern. Anstelle dieses Vorrates an Investitionsgütern können auch andere Größen als Systemausgang fungieren, so zum Beispiel das Nationaleinkommen $Y(t)$. Aus den oben ermittelten Beziehungen erhalten wir dann:

$$a\,(1 - c)\,Y(t) = D\,e^D\,K(t) + b\,K(t)\,,$$

bzw.

$$Y(t) = \frac{D\,e^D + b}{a\,(1 - c)}\,K(t)\,.$$

Die linke Seite der Gleichung (5.33) stellt die Eingangsfunktion $x(t)$ des Systems dar. In unserem Falle ist jedoch $x(t)$ identisch gleich Null, so daß die Gleichung homogen ist. Das bedeutet, daß das System keine Eingaben von außen erhält, so daß also der zeitliche Verlauf seines Ausganges $K(t)$ bzw. $Y(t)$ ausschließlich von den „spezifischen Besonderheiten" des Systems selbst festgelegt wird. Das Blockschaltbild eines solchen Regelungssystems stellt Abb. 53 dar.

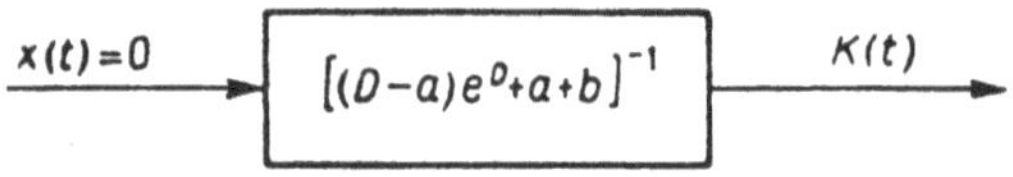

Abb. 53

Die Lösung der Gleichung (5.33) finden wir, indem wir annehmen, daß sie die Form $K(t) = K_0 e^{\lambda t}$ hat, wo $K_0 = K(0)$ den Vorrat an Investitionsgütern zum Anfangszeitpunkt bezeichnet. Setzen wir diese Funktion in Gleichung (5.33) ein, so erhalten wir die charakteristische Gleichung

$$(\lambda - a)\, e^{\lambda} + a + b = 0\,. \tag{5.34}$$

Wie zu sehen ist, ist die linke Seite der charakteristischen Gleichung ein Exponentialpolynom.

Die reellen Wurzeln des Exponentialpolynoms (5.34) und die Bedingungen ihres Vorhandenseins lassen sich graphisch bestimmen. Zu diesem Zwecke schreiben wir die charakteristische Gleichung (5.34) in folgender Form:

$$(\lambda - a)\, e^{\lambda} = -\,(a + b)\,.$$

Beide Seiten dieser Gleichung sind in Abb. 54 graphisch abgebildet. Ihre linke Seite ist eine Funktion der Veränderlichen λ, die in den Abbildungen 54 durch die Funktionskurve $f(\lambda) = (\lambda - a)\, e^{\lambda}$ dargestellt ist. Die rechte Seite entspricht der waagerechten Geraden mit der Gleichung $y = -\,(a + b)$. Die reellen Wurzeln sind bestimmt durch die Schnittpunkte der Funktionskurve $f(\lambda)$ mit der Geraden y.

Die Funktion $f(\lambda)$ besitzt folgende Eigenschaften: Sie ist eine stetige Funktion mit der Ableitung $f'(\lambda) = (1 + \lambda - a)\, e^{\lambda}$. Somit ist die Funktion für $\lambda > a - 1$ steigend und für $\lambda < a - 1$ fallend. In dem Punkt, der dem Wert $\lambda = a - 1$ entspricht, hat die Funktion ihr Minimum. Wenn $\lambda \to -\infty$, dann gilt $f(\lambda) \to 0$, während bei $\lambda \to +\infty$ die Funktion $f(\lambda)$ gegen unendlich geht.[18]) Das Minimum der Funktion ist $-e^{a-1}$, und in dem Punkt, der dem Wert $\lambda = 0$ entspricht, hat die Funktion den Wert $-a$. Den Wert 0 hat sie bei $\lambda = a$. Diese Eigenschaften sind graphisch in den Abb. 54a und 54b dargestellt. In Abb. 54a ist dabei angenommen, daß $a < 1$, so daß das Minimum links von der Ordinatenachse liegt; bei $a > 1$ liegt es rechts von der Ordinatenachse, wie leicht aus Abb. 54b zu entnehmen ist. Die allgemeine Form der Funktion ist in beiden Fällen die gleiche.

Wegen der Annahmen $a > 0$ und $b > 0$ befindet sich die waagerechte Gerade $y = -(a + b)$ unterhalb der Abszissenachse, und sogar

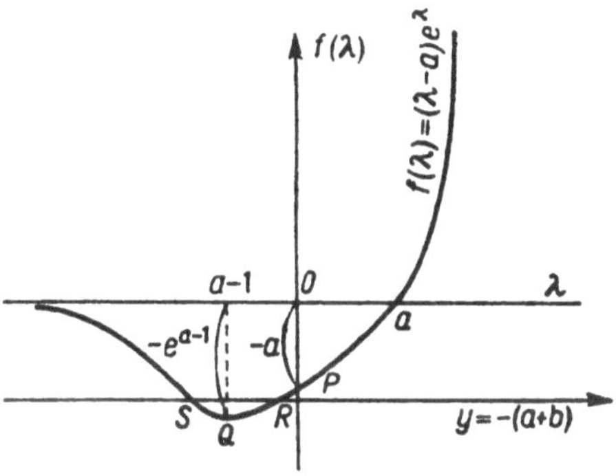

Abb. 54a

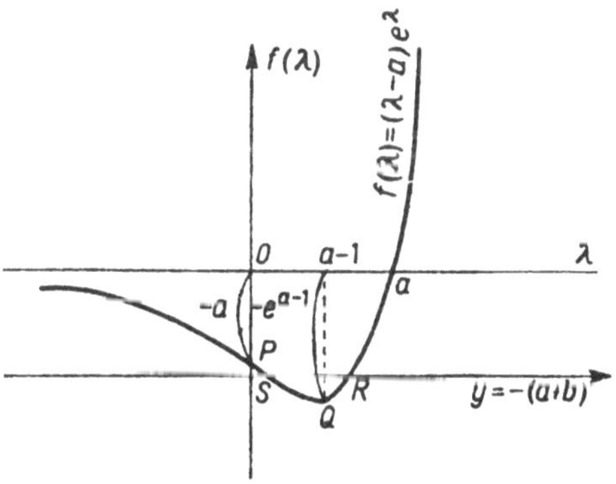

Abb. 54b

[18]) Schreiben wir $f(\lambda) = \lambda e^{\lambda} - a e^{\lambda}$, so stellen wir fest, daß $a e^{\lambda} \to 0$ für $\lambda \to -\infty$. Da sich aber e^{λ} schneller verändert als λ, gilt $\lambda e^{\lambda} \to e^{\lambda} \to 0$, wenn $\lambda \to -\infty$.

unterhalb des Punktes P, der dem Ordinatenabschnitt $-a$ entspricht. Schneidet also die Gerade die Kurve, die die Funktion $f(\lambda)$ abbildet, so gibt es zwei Schnittpunkte, nämlich R und S, was ebenfalls in den Abb. 54a und 54b deutlich zu sehen ist. Wenn $a < 1$, dann liegen die beiden Schnittpunkte links von der Ordinatenachse, also bei den negativen Werten von λ. Diese Situation stellt Abb. 54a dar. Ist hingegen $a > 1$, so befinden sich die beiden Schnittpunkte rechts von der Ordinatenachse, also bei den positiven Werten von λ. Diese Situation zeigt Abb. 54b. Die Bedingung für das Vorhandensein von Schnittpunkten der Geraden mit der Funktionskurve $f(\lambda)$ lautet $a + b < e^{a-1}$. Im Grenzfalle, wenn also $a + b = e^{a-1}$ ist, so berührt die Gerade die Funktionskurve $f(\lambda)$ im Punkt Q, der entweder links oder rechts von der Ordinatenachse liegt, je nachdem ob $a < 1$ oder $a > 1$ ist. Ist $a = 1$, so liegt dieser Berührungspunkt Q auf der Ordinatenachse; ist $a + b > e^{a-1}$, dann schneidet die Gerade die Funktionskurve $f(\lambda)$ nicht, und die charakteristische Gleichung besitzt keine reellen Wurzeln.

Es zeigt sich also, daß reelle charakteristische Wurzeln vorhanden sind, wenn $a + b \leqq e^{a-1}$, und zwar zwei bei Nichtgleichheit und eine (eine Doppelwurzel) bei Gleichheit. Diese Wurzeln sind negativ, wenn $a < 1$, positiv, wenn $a > 1$ ist, und eine Doppelwurzel, die genau gleich Null ist, liegt dann vor, wenn $a = 1$ ist.

Die komplexen Wurzeln der charakteristischen Gleichung (5.34) finden wir, indem wir $\lambda = \alpha + i\beta$ schreiben und diesen Ausdruck in die Gleichung einsetzen. Wir erhalten dann:

$$(\alpha - a + i\beta)\, e^{\alpha + i\beta} + a + b = 0$$

bzw.

$$(\alpha - a + i\beta)\, e^{\alpha} = -(a + b)\, e^{-i\beta}\,.$$

Unter Verwendung der Eulerschen Formel $e^{-i\beta} = \cos\beta - i\sin\beta$ können wir schreiben:

$$(\alpha - a + i\beta)\, e^{\alpha} = -(a + b)(\cos\beta - i\sin\beta)\,.$$

Der Realteil auf der linken Seite dieser Gleichung muß gleich dem Realteil auf der rechten Seite sein; das gleiche gilt auch für die Imaginärteile. Infolgedessen gelten folgende Gleichungen:

$$(\alpha - a)\, e^{\alpha} = -(a + b)\cos\beta \qquad (5.35\text{a})$$

$$\beta\, e^{\alpha} = (a + b)\sin\beta\,. \qquad (5.35\text{b})$$

Aus Gleichung (5.35b) erhalten wir:

$$e^{\alpha} = (a + b) \frac{\sin \beta}{\beta} .$$

Setzen wir diesen Ausdruck in die Gleichung (5.35a) ein, so erhalten wir:

$$(\alpha - a)(a + b) \frac{\sin \beta}{\beta} = -(a + b) \cos \beta ,$$

das heißt

$$(\alpha - a) \operatorname{tg} \beta = -\beta ,$$

woraus folgt:

$$\operatorname{tg} \beta = \frac{1}{a - \alpha} \beta . \tag{5.36}$$

Da α und β reell sind, läßt sich Gleichung (5.36) auch graphisch lösen. Abb. 55 gibt das Bild der Funktion $\operatorname{tg} \beta$ im Bereich $-\frac{\pi}{2} < \beta < \frac{\pi}{2}$, und gleichzeitig ist die Gerade $y = \frac{1}{a - \alpha} \beta$ eingezeichnet. Die Schnittpunkte dieser Geraden mit der Kurve der Funktion $\operatorname{tg} \beta$ sind

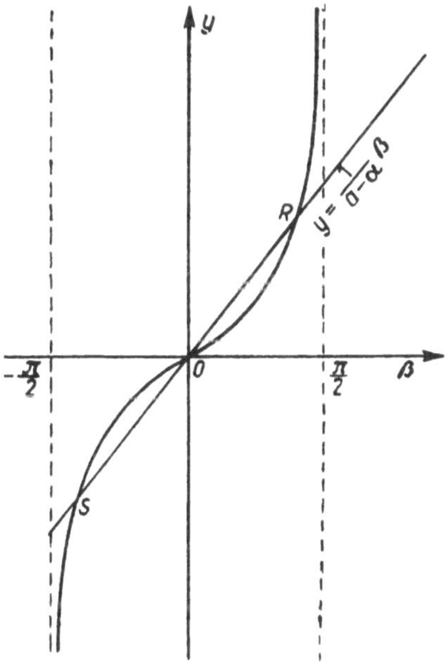

Abb. 55

die Wurzeln der Gleichung (5.36). Ein Schnittpunkt liegt immer im Koordinatenursprung, also bei $\beta = 0$. Er entspricht also einer reellen Wurzel, wenn eine solche vorhanden ist. Die komplexen Wurzeln werden durch die Schnittpunkte bestimmt, für die $\beta \neq 0$ ist. Die Existenz solcher Schnittpunkte hängt vom Steigungswinkel der Geraden ab, der durch $\frac{1}{a - \alpha}$ gegeben ist. Die Funktionskurve $\operatorname{tg} \beta$ hat die Steigung $\frac{d \operatorname{tg} \beta}{d\beta} = 1 + \operatorname{tg}^2 \beta$; sie ist im Nullpunkt am geringsten, dort beträgt sie genau 1. Damit die Gerade noch an anderen Punkten die Funktionskurve schneiden kann, muß ihre Steigung größer sein als die geringste Steigung der Kurve, das heißt $\frac{1}{a - \alpha} > 1$. Ist diese Bedingung erfüllt, so schneidet die Gerade die Kurve $\operatorname{tg} \beta$ in den symmetrisch zueinanderliegenden Punkten R und S, die den konjugiert-komplexen Wurzeln $\alpha + i\beta$ und $\alpha - i\beta$ entsprechen. Ist hingegen $\frac{1}{a - \alpha} \leqq 1$, so schneidet die Gerade die Kurve lediglich im Nullpunkt und hat keine komplexen Wurzeln.

Es zeigt sich, daß $\frac{1}{a - \alpha} < 1$, bzw. $a - 1 < \alpha < a$ die Bedingung für das Vorhandensein komplexer Wurzeln ist. Das hat interessante Folgen. Wenn $a \geqq 1$ ist, so ist $\alpha > 0$. Die komplexen Wurzeln haben dann einen positiven Realteil, und es treten zunehmende Schwingungen auf. Wenn $a < 1$ ist, so kann α (muß aber nicht) negativ oder gleich Null sein, und die Schwingungen können entweder eine abnehmende oder eine konstante Amplitude haben.

Es bestehen nun gewisse Zusammenhänge zwischen den Werten α, die die Veränderungen der Schwingungsamplitude bestimmen, und den Werten β, die ihre Frequenz (bzw. ihre Periode) bestimmen. Wie aus Abb 55 zu entnehmen ist, befindet sich der Wert β, der durch den Schnittpunkt R gegeben ist, innerhalb des offenen Intervalls $\left(0, \frac{\pi}{2}\right)$, und er ist um so größer, je größer der Steigungskoeffizient der Geraden, also $\frac{1}{a - \alpha}$, bzw. je kleiner $a - \alpha$ ist. Daraus folgt, daß die Schwingungsperiode $T = \frac{2\pi}{\beta}$ nicht kürzer als vier Zeiteinheiten sein kann (als Zeiteinheit gilt Θ, das heißt der Verzug zwischen der Bestätigung der Investitionsvorhaben und der Herstellung der entsprechenden Investitionsgüter). Die Periode T ist um so länger, je kleiner der Wert α

ist. Setzt man $\alpha = 0$ (also Schwingungen mit einer konstanten Amplitude), so erhalten wir einen gewissen kritischen Wert β_0 bzw. T_0. Es zeigt sich dann, daß bei $\alpha > 0$ (also bei zunehmenden Schwingungen) $\beta > \beta_0$ und $T < T_0$ ist, somit sind also Schwingungen, die eine längere als die kritische Periode T_0 haben, abnehmend, und nur Schwingungen mit einer Periode $T \leqq T_0$ halten sich.

Gleichung (5.36) besitzt auch Wurzeln außerhalb des Bereiches $\left(-\frac{\pi}{2}, +\frac{\pi}{2}\right)$, den wir bereits untersucht haben. Wenn die Gleichung im Bereich $\left(-\frac{\pi}{2}, +\frac{\pi}{2}\right)$ durch einen bestimmten Wert von β erfüllt wird, dann wird sie auch durch den Wert $\beta \pm k\pi$ $(k = 1, 2, \ldots)$ erfüllt, der sich außerhalb dieses Bereichs befindet. Das ergibt sich aus der Eigenschaft $(\operatorname{tg}\beta + k\pi) = \operatorname{tg}\beta$. Neben den Wurzeln β gibt es also noch Wurzeln $\beta + \pi$, $\beta + 2\pi, \ldots$, denen zusätzliche oszillierende Summanden in der Lösung der Reaktionsgleichung des Systems entsprechen. Die Schwingungen, die mit diesen Wurzeln zusammenhängen, haben jedoch eine kurze Periode. Wie wir gesehen hatten, treten im Bereich $\left(-\frac{\pi}{2}, +\frac{\pi}{2}\right)$ die Wurzeln als Paar β und $-\beta$ auf, die den Schnittpunkten R und S in Abb. 55 entsprechen, wobei $\beta > 0$ ist. Infolgedessen haben wir $\beta + \pi > \pi$, $\beta + 2\pi > 2\pi$, $\beta + 3\pi > 3\pi$ usw., und die entsprechenden Perioden der Schwingungen genügen den Ungleichungen $T < 2$, $T < 1$, $T < \frac{2}{3}$ usw.

Wie zu sehen ist, sind bis auf eine Ausnahme alle Schwingungsperioden kleiner als die Zeiteinheit (als der zeitliche Verzug zwischen der Bestätigung der Investitionsvorhaben und der Herstellung der entsprechenden Investitionsgüter). Solche Schwingungen können nicht in Erscheinungen treten, wenn die Zeit in Zeiteinheiten der Größenordnung Θ gemessen wird; man kann sie also vernachlässigen. Nur die Schwingungen mit der Periode $T < 2$ haben eine gewisse Chance, in Erscheinung zu treten; da $\beta < \frac{\pi}{2}$, ist ihre Periode $\frac{4}{3} < T < 2$. Aus dem weiter oben erwähnten Zusammenhang zwischen der Schwingungsperiode und dem Wert α ergibt sich jedoch, daß bei einer Periode nahe zwei Zeiteinheiten α sehr klein ist $(\alpha < 0)$. Das bedeutet aber, daß die entsprechenden Schwingungen gedämpft werden, ist dies nicht der Fall, dann liegt ihre Periode nahe der unteren Grenze $\frac{4}{3}$, so daß sie also nicht viel größer als die Zeiteinheit ist. Infolgedessen haben auch diese Schwingungen keine große praktische Bedeutung. Uns interessieren nur Schwingungen, die den Wurzeln β im Bereich $\left(-\frac{\pi}{2}, +\frac{\pi}{2}\right)$ entsprechen, also Schwingungen mit einer Periode von mehr als 4 Zeiteinheiten. Die Erörterung der Wurzeln der charakteristischen Gleichung (5.33) führt uns somit zu folgenden Ergebnissen[19]): Das Modell von Michał Kalecki ist nur stabil, wenn $a < 1$ ist. Ist $a > 1$, so sind die in der Lösung der Reaktionsgleichung auftretenden Schwingungen zunehmend. Nichtoszillierende Summanden (die den reellen Wurzeln entsprechen) bedeuten bei $a < 1$ eine unendlich zunehmende Tendenz und bei $a = 1$ einen konstanten Wert. Das System ist dann nichtstabil. Die Bedingung $a < 1$ ist jedoch nur eine notwendige, nicht aber zugleich auch eine hinreichende Stabilitätsbedingung. Die reellen Wurzeln, wenn solche existieren, sind dann zwar negativ, so daß die nichtoszillierenden Summanden mit der Zeit verschwinden; es kann aber auch der Fall $\alpha \geqq 0$ eintreten, und das heißt, daß es Schwingungen mit konstanter bzw. zunehmender Amplitude gibt. Diese Schwingungen haben jedoch eine verhältnismäßig kurze Periode, nämlich $4 < T \leqq T_0$.

Die Stabilität des Modells von Kalecki und die Beschaffenheit der in ihm ablaufenden Schwingungen hängen von den Werten der Koeffizienten a und b ab, die in der Reaktionsgleichung auftreten. Der Koeffizient a drückt *die Empfindlichkeit der Investitionsvorhaben gegenüber den Akkumulationen* (*der Gesamtspartätigkeit*) aus. Letztere decken sich unter gewissen Bedingungen, speziell dann, wenn nur die Kapitalisten

[19]) Der Erörterung und Lösung der Wurzeln der charakteristischen Gleichung im Modell Michał Kaleckis ist eine recht umfangreiche Literatur gewidmet. Die wichtigsten Arbeiten sind: R. Frisch und H. Holme, The Characteristic Solution of a Mixed Difference and Differential Equation, in „Econometrica" 1935; R. G. Allen, Mathematical Economics, London–New York 1957, S. 254–258 (polnisch: Ekonomia matematyczna, Warszawa 1961, S. 276–280); N. D. Hughes, Roots of the Transcendental Equation Associated with a Certain Difference-Differential Equation, in „Journal of the London Mathematical Society", 1950 und R. Bellmann und K. L. Cooke, Differential-Difference Equations, New York–London 1961, S. 444–446. Außerdem wurde eine elektronische Analogieanlage zur Lösung des Modells von Kalecki konstruiert. Vgl. dazu O. J. Smith und J. M. Erdley, An Electronic Analogue for an Economic System, in „Electrical Engineering", 1951 (russisch: in dem Band Processy regulirovanija v modeljach ekonomičeskich sistem, Moskva 1961).

akkumulieren, mit dem gesamten nichtgenutzten Profit der Kapitalisten. Wie wir sehen, ist die notwendige, allerdings nicht hinreichende Stabilitätsbedingung $a < 1$. Der Umfang der Investitionsvorhaben muß unter den Gesamtakkumulationen bleiben. Der Koeffizient b drückt die *Empfindlichkeit der Investitionsvorhaben gegenüber dem Vorrat an Investitionsgütern* aus. Dieser Koeffizient hat folgende Bedeutung: Wenn $a + b < e^{a-1}$ ist, so existieren bei $a < 1$ zwei negative reelle Wurzeln. Die nichtoszillierende Komponente der Lösung der Reaktionsgleichung geht mit der Zeit gegen Null, und möglicherweise überlagert eine Schwingung die abnehmende Tendenz. Dann ist $K(t) = K_0 e^{\lambda t} \to 0$, das heißt, der Vorrat an Investitionsgütern schrumpft zusammen, so daß das System nicht einmal die einfache Reproduktion sichern kann.

Das ist dadurch zu erklären, daß der Umfang der Investitionsvorhaben unter dem Umfang der Akkumulationen bleibt, was beim Fehlen ausreichender anderer Kompensationsfaktoren zu einer unvollständigen Reproduktion führt. Um diese Situation zu vermeiden, muß $a + b \geqq e^{a-1}$ bzw. $b \geqq e^{a-1} - a$ sein. Das heißt, daß der Koeffizient der Empfindlichkeit der Investitionsvorhaben gegenüber dem Vorrat an Investitionsgütern hinreichend groß sein muß. Dann stößt die Tendenz zur unvollständigen Reproduktion, die sich aus $a < 1$ ergibt, auf eine Gegenwirkung, die darauf beruht, daß die mit dieser Tendenz einhergehende Verminderung des Vorrates an Investitionsgütern zu einer Erhöhung der Investitionsvorhaben führt und so diese Tendenz teilweise aufhebt. In diesem Falle gibt es entweder eine reelle Wurzel, wenn $b = e^{a-1} - 1$, oder aber keine reellen Wurzeln, wenn $b > e^{a-1} - a$. Im ersten Fall wiederum gibt es eine konstante (zeitlich unveränderliche) nichtoszillierende Komponente der Lösung, die von einer Schwingung überlagert wird, und im zweiten Falle nur eine oszillierende Komponente, wobei der Mittelwert des Schwingungsprozesses Null beträgt. Beide Male kommt es auf einem gewissen Niveau zu einer einfachen Reproduktion.

Wir sehen also, daß es im Modell Michal Kaleckis keine Situation mit zunehmender Tendenz gibt (positive reelle Wurzeln), die nicht gleichzeitig von zunehmenden Schwingungen überlagert ist. Eine zunehmende Tendenz erfordert nämlich $a > 0$ (das heißt, der Umfang der Investitionsvorhaben übersteigt die Gesamtakkumulationen). Bei $a > 1$ sind aber auch die Schwingungen zunehmend, da dann auch $\alpha > 0$. Die zunehmende Tendenz, das heißt die erweiterte Reproduktion der Investitionsgüter kann nur durch die Nichtstabilität des Systems erkauft werden. Die Stabilität selbst kann niemals vollkommen sein, da sie nur für die einfache Reproduktion gilt. Das ist nach Kalecki das Grunddilemma des kapitalistischen Wirtschaftssystems: Entweder Zunahme und Nichtstabilität oder Stabilität und Stagnation oder sogar Rückgang in der Wirtschaft.

Auf der Grundlage statistischer Daten hat Kalecki versuchsweise die Parameterwerte a und b geschätzt. Er fand für $a = 0{,}95$ und für $b = 0{,}12$.[20]) Daraus ergibt sich $a + b = 1{,}07 > 1$. Dagegen ist $e^{a-1} = e^{-0{,}05} = 0{,}95 < 1$. Als Ergebnis haben wir $a + b < e^{a-1}$. Das heißt, daß die charakteristische Gleichung keine reellen Wurzeln hat. Die konjugiert-komplexen Wurzeln $\alpha + i\beta$ und $\alpha - i\beta$ genügen der Gleichung $\operatorname{tg} \beta = \frac{1}{a - \alpha}\beta$. Für $\alpha = 0$ bestimmen wir den kritischen Wert β_0, und aus der Gleichung $\frac{\operatorname{tg} \beta}{\beta} = \frac{1}{0{,}95}$ erhalten wir angenähert $\beta_0 = 0{,}38$, woraus sich für $T_0 = \frac{2\pi}{\beta_0} = 8{,}25$ ergibt. Kalecki stellte ebenfalls fest, daß der zeitliche Verzug Θ zwischen einem halben und einem ganzen Jahr liegt. Treten also Schwingungen mit konstanter Amplitude auf, so liegt ihre Periode zwischen etwas mehr als vier und etwas mehr als acht Jahren. Schwingungen mit größeren Perioden werden abgedämpft. Setzt man nun $\Theta = 1$ Jahr, so würde eine Schwingung mit konstanter Amplitude einem Konjunkturzyklus von an-

[20]) Vgl. M. Kalecki, A Macrodynamic Theory of Business Cycles, in „Econometrica" 1935, S. 339. Die Schätzung bezieht sich auf Angaben für die Vereinigten Staaten von Nordamerika in den Jahren 1909—1918. Kalecki hat auch Schätzungen für die Vereinigten Staaten für die Jahre 1929—1940 durchgeführt. Unter der Annahme, daß $\Theta = 1$, erhalten wir für $\frac{a}{1 + b} = 0{,}63$, wobei a und b nicht getrennt geschätzt wurden. Nehmen wir $b = 0{,}12$ an (also wie vorher), so ergibt sich für $a = 0{,}71$. Und unter der Annahme, daß $\Theta = \frac{1}{2}$ Jahr, erhalten wir $\frac{a}{1 + b} = 0{,}76$, was bei $b = 0{,}12$ und für a den Wert 0,85 ergibt. Der Koeffizient, der die Empfindlichkeit der Investitionsvorhaben gegenüber den Gesamteinsparungen ausdrückt, ist also niedriger als im Zeitraum 1909—1918. Das ist durchaus verständlich, wenn man bedenkt, daß die Jahre 1929—1940 eine Zeit der Depression und der wirtschaftlichen Stagnation waren. Vgl dazu M. Kalecki, Teoria dynamiki gospodarczej, Warszawa 1958, S. 147 bis 148.

nähernd 8 Jahren entsprechen, während bei $\Theta = \frac{1}{2}$ ein Konjunkturzyklus von 8 Jahren unterdrückt wird. Wegen der genannten Besonderheiten der Koeffizienten a und b und des Verzuges Θ ergibt also das Modell von Kalecki einen Prozeß der einfachen Reproduktion, der von Schwingungen mit konstanter Amplitude begleitet wird, oder von gedämpften Schwingungen, die dem empirisch beobachteten Konjunkturzyklus entsprechen.

Wie wir gesehen hatten, gibt es im Modell von Kalecki keine erweiterte Reproduktion bei gleichzeitiger Aufrechterhaltung der Stabilität. Die Reproduktion ist im stabilen System nur einfach oder sogar unvollständig. Das hängt damit zusammen, daß in der Reaktionsgleichung (5.35) auf der rechten Seite die Eingangsgröße $x(t) = 0$ gesetzt wurde. Anstelle dessen kann man auf der rechten Seite der Gleichung die positive Eingabe $x(t) = A(t) > 0$ einführen, also unabhängige Investitionen (die nicht von der Rentabilität abhängen). Sie können zum Beispiel die Folge des technischen Fortschrittes sein, der zu Investitionen zwingt, die nicht direkt und kurzfristig mit der Rentabilitätsrechnung in Beziehung gebracht werden können, sondern von einer langfristigen Politik eines Unternehmens diktiert werden. Es kann sich dabei auch um die Investierung gesellschaftlicher Mittel handeln, die mit der langfristigen Politik des Staates in Zusammenhang gebracht werden müssen (zum Beispiel mit der Landesverteidigung, der Beschäftigungspolitik oder der Förderung der wirtschaftlichen Entwicklung). Dann wird in die Lösung vom Typ $\bar{y} = \sum_j K_j(0)\, e^{\lambda_j t}$ die stationäre Komponente $\hat{y} = [(D - a)\, e^D + a + b]^{-1} A(t)$ eingeführt, und die allgemeine Lösung der Reaktionsgleichung nimmt folgende Form an:

$$K(t) = \sum_j K_j(0)\, e^{\lambda_j t} + [(D - a)\, e^D + a + b]^{-1} A(t)\,.$$

In dieser Lösungsformel ist die Quelle der erweiterten Reproduktion die stationäre Komponente, während die spezifische Komponente (die bekanntlich das Ergebnis der „spezifischen Besonderheiten“ des Systems ist) nur eine unvollständige oder bestenfalls eine einfache Reproduktion der Investitionsgüter sichern kann. Es sei denn, das System ist nichtstabil, und der spezifische Summand drückt eine erweiterte Reproduktion aus, die von zunehmenden Schwingungen überlagert ist.

Die Besonderheit der hier behandelten Auffassungen ist darin zu sehen, daß das Wachstum der kapitalistischen Wirtschaft (die erweiterte Reproduktion) als exogener Faktor eingeführt wird. Es handelt sich dabei um eine Größe, die „von außen“ in Form der unabhängigen Investitionen in den Reproduktionsprozeß einfließt. Um die erweiterte Reproduktion als Ergebnis nichtexogener Faktoren auffassen zu können, sondern als „spezifische Besonderheit“ des kapitalistischen Systems selbst, müssen am Modell Kaleckis gewisse Veränderungen vorgenommen werden.[21])

4. Das Kriterium der Güte der Regelung und die Zuverlässigkeit der Wirkung von Systemen

Wir hatten bereits weiter oben (Kapitel IV, Abschnitt 3) eine Reihe von Problemen zur Sprache gebracht, die mit der Güte der Regelungsprozesse zusammenhängen. Nun können wir uns, da wir die Regelungstheorie in ihrer verallgemeinerten Form dargestellt haben, mit diesem Problemkreis genauer befassen. Unter dem Begriff der Güte eines Regelungsvorgangs werden im allgemeinen zwei Probleme zusammengefaßt. Einmal geht es um die *Geschwindigkeit*, mit der der betreffende Regelungsvorgang wirkt, das heißt um die Geschwindigkeit, mit der die Störungen in einem stabilen System beseitigt und der Gleichgewichtszustand wieder hergestellt werden (wobei letzter beweglich oder stationär sein kann). Zum anderen geht es um die *Genauigkeit* (Präzision) des Regelungsvorganges, letztlich also um die Größe der Abweichungen zwischen den Werten der Ausgangsfunktion im Gleichgewichtszustand und dem Sollwert, also um die sogenannten Fehler im Regelungssystem. In letzter Zeit kam in immer stärkerem Maße noch ein dritter Gesichtspunkt der Güte von Regelungssystemen hinzu, nämlich das Problem der *Zuverlässigkeit* der Wirkung eines Regelungssystems.

Die Frage der Zuverlässigkeit von Regelungssystemen wurde besonders akut zu Beginn der fünfziger Jahre, und zwar in Zusammenhang mit der raschen Entwicklung der Konstruktionstechnik automatischer Vorrichtungen. Es handelte sich dabei im allgemeinen um sehr kom-

[21]) Ein Modell, das dem Modell Kaleckis ähnelt und die Entwicklungstendenz und die zyklischen Schwankungen gleichzeitig als Ergebnis der „spezifischen Besonderheiten“ des kapitalistischen Reproduktionsprozesses erfaßt und eine Umgestaltung in ein Modell der sozialistischen Reproduktion gestattet (in dem kein Konjunkturzyklus auftritt) gibt O. Lange in Teoria reprodukcji i akkumulacji, 2. Auflage, Warszawa 1965.

plizierte Gebilde mit einer großen Anzahl von Konstruktionselementen. Mitunter bedeutet der Ausfall eines einzigen oder nur einiger weniger Konstruktionselemente, daß die Wirkung des Gesamtsystems unterbunden wird. Nun gibt es aber in der Technik eine ganze Reihe von Gebieten, die beim gleichzeitigen Einsatz zahlreicher äußerst komplizierter Mechanismen eine sehr hohe Präzision fordern (zum Beispiel bei ferngelenkten Raketen oder künstlichen Erdtrabanten). Das war der Anstoß zur Entwicklung eines neuen Zweiges der Automatik und zur Entwicklung der entsprechenden Theorie, die heute als *Zuverlässigkeitstheorie* (reliability engineering) bekannt ist. [22])

Es zeigt sich, daß das Problem der Zuverlässigkeit für die Steuerung und Regelung ökonomischer Prozesse von großer Bedeutung ist. Deshalb wollen wir uns auf den folgenden Seiten mit dieser Thematik etwas genauer befassen.

Wie wir gesehen haben, hat die Lösung der allgemeinen Reaktionsgleichung die in (5.15) angegebene Form, nämlich:

$$y(t) = \sum_j q_j(t)\, e^{\lambda_j t} + \hat{y}(t) ,$$

wo das erste Glied auf der rechten Seite die spezifische Komponente und das zweite die stationäre Komponente ist. Das System ist stabil, wenn $\mathrm{Re}\,\lambda_j < 0$ für alle j ist. Dabei bestimmt der absolute Betrag $|\mathrm{Re}\,\lambda_j|$ die Geschwindigkeit, mit der das System dem Gleichgewichtszustand zustrebt.

Schreiben wir wie oben $\lambda_j = \alpha_j + i\,\beta_j$ (Formel (5.19) in Abschnitt 2) und

$$e^{\lambda_j t} = e^{\alpha_j t} (\cos \beta_j\, t + i \sin \beta_j\, t) ,$$

so interpretieren wir die spezifische Komponente als Summe von Schwingungen. Jede dieser Schwingungen hat eine Amplitude $e^{a}\,j\,t$, und die Geschwindigkeit, mit der sich diese Amplitude verändert, beträgt:

$$\frac{d e^{\alpha_j t}}{dt} = \alpha_j e^{\alpha_j t} .$$

[22]) Eine Einführung in diese neue Wissenschaft gibt D. N. Chorafas, Statistical Processes and Reliability Engineering, Princeton N. J.: van Nostrand 1960 (polnisch: Procesy statystyczne i niezawodność urządeń, Warszawa 1963). Vgl. auch D. O. Ellis und F. J. Ludwig, Systems Philosophy, Englewood Cliffs 1962.

Ihre Zeitkonstante ist:

$$\frac{\frac{de^{\alpha_j t}}{dt}}{e^{\alpha_j t}} = \alpha_j .$$

Wenn $\alpha_j < 0$ ist, wie das in einem stabilen System der Fall ist, dann mißt α_j die Zeit, in der die Schwingung gedämpft wird. Diese Zeit ist um so größer, je kleiner α_j ist, das heißt, je größer $|\alpha_j|$ ist. Deshalb bezeichnen wir diesen Betrag als *Dämpfungskoeffizienten.*

Die einzelnen Schwingungen, deren gewogenes Mittel die spezifische Komponente in der Lösung der Reaktionsgleichung ist, besitzen verschiedene Dämpfungskoeffizienten. Die Geschwindigkeit, mit der dieses System dem Gleichgewichtszustand zustrebt, hängt von dem kleinsten dieser Koeffizienten ab, da die ihm entsprechende Schwingung am langsamsten abklingt. Somit erhalten wir als Maß der Geschwindigkeit, mit der das System dem Gleichgewicht zustrebt bzw. die Störungen beseitigt: $\min_j |\alpha_j|$, das heißt:

$$\min_j |\text{Re}\, \lambda_j| . \tag{5.37}$$

Das hier beschriebene Maß der Geschwindigkeit der Wirkung des Regelungsprozesses erfaßt auch den Fall, daß alle λ_j reell sind und der Prozeß nicht oszillierend, sondern monoton dem Gleichgewichtszustand zustrebt. Zu diesem Zwecke brauchen wir nur $\beta_j = 0$ zu setzen, so daß $\alpha_j = \lambda_j$ ist. Als Geschwindigkeitsmaß für die Wirkung des Regelungsprozesses erhalten wir dann einfach $\min_j |\lambda_j|$. Es gibt an, welche Zeit das monoton verlaufende Abklingen der Abweichungen vom Gleichgewicht benötigt.

Für den in Abschnitt 2 behandelten Fall, wenn die charakteristische Gleichung der Reaktionsgleichung eine oder mehrere positive reelle Wurzeln hat und eine oder mehrere komplexe Wurzeln, für die $\text{Re}\, \lambda_j < 0$ ist, so daß also gedämpfte Schwingungen vorliegen, ist der Ausdruck (5.37) das Maß der Geschwindigkeit der Selbst-Anpassung des Systems. Es drückt aus, in welcher Zeit die Schwingungen um die Entwicklungstendenz des Systems abklingen.

Im Gleichgewichtszustand wird die allgemeine Lösungsformel der Reaktionsgleichung gleich ihrer stationären Komponente, das heißt $y(t) = \hat{y}(t)$. Wenn dabei $\hat{y}(t)$ ständig gleich dem Sollwert $z(t)$ ist, so sagen wir, daß das System eine *vollkommene Präzision* besitzt. In der Regel bleibt jedoch die vollkommene Präzision lediglich ein Idealfall, da ihre

Verwirklichung zu kostspielig ist. Die Struktur eines Systems kann so beschaffen sein, daß wir niemals vollkommene Gleichheit zwischen $y(t)$ und $z(t)$ erzielen, was für eine Eingangsfunktion $x(t)$ wir auch immer wählen mögen. Eine Umkonstruktion aber, die die Erreichung der vollkommenen Präzisionen ermöglichen könnte, kann mit derart hohen Kosten verbunden sein, daß man sich mit einer angenäherten Gleichheit zwischen $y(t)$ und $z(t)$ begnügen muß. Außerdem kann selbst dann, wenn das System fehlerlos arbeitet, wenn also keine *systematischen Fehler* auftreten, die eben erwähnte Gleichheit oft durch zufällige Schwankungen in der Eingabe $x(t)$ beeinträchtigt werden, oder es können Vibrationen in irgendeinem mechanischen Teil des Systems auftreten, die sich der Kontrolle durch den Menschen entziehen. In einem solchen Falle unterliegt auch der Eingangssummand $\hat{y}(t)$ zufälligen Schwankungen, so daß es zu einer Differenz $\hat{y}(t) - z(t)$ kommt, die den Charakter einer zufälligen Veränderlichen hat. In diesem Falle sprechen wir von *zufälligen Fehlern* im Wirken des Regelungssystems.[23])

Als Fehlermaß wird für den Zeitabschnitt Θ, und zwar für systematische und zufällige Fehler — gewöhnlich die Varianz genommen:

$$\sigma^2 = \frac{1}{\Theta} \int_0^\Theta [\hat{y}(t) - z(t)]^2 \, dt . \tag{5.38}$$

Der Kehrwert der Varianz kann als *Maß der Präzision* betrachtet werden. Wir definieren ihn als:

$$\pi = \frac{1}{\sigma^2} . \tag{5.39}$$

Auf diese Weise können wir die Präzision im Wirken verschiedener Regelungssysteme miteinander vergleichen.

Mitunter interessiert uns nicht so sehr der Absolutbetrag eines Fehlers im Regelungssystem, als vielmehr der relative Betrag im Vergleich zum Sollwert $z(t)$. Da mit Ausnahme der Festwertregelung, wenn also $z(t) = \text{const}$, der Wert $z(t)$ zeitlich veränderlich ist, beziehen wir die Größe des Fehlers auf den mittleren Sollwert, das heißt auf $\frac{1}{\Theta} \int_0^\Theta z(t) \, dt$.

[23]) In der Technik heißen der systematische und der zufällige Fehler Abweichung.

Wir verwenden dann als Maß des relativen Fehlers den sogenannten *Variabilitätskoeffizienten*[24]):

$$v = \frac{\sigma^2}{\frac{1}{\Theta}\int\limits_0^{\Theta} z(t)\, dt}. \tag{5.40}$$

Das Präzisionsmaß der Wirkung des Regelungssystems ist dann der Kehrwert des Variabilitätskoeffizienten, den wir mit

$$\pi^* = \frac{1}{v}. \tag{5.41}$$

bezeichnen. Wir nennen ihn die *relative Präzision*, zum Unterschied von (5.39), dem Maß der absoluten Präzision.

Es erhebt sich natürlich die Frage, warum wir die Präzision der Wirkung eines Regelungssystems auf der Grundlage der Varianz messen, wie sie durch Formel (5.38) definiert ist, und warum wir nicht zum Beispiel die mittlere Abweichung $|\hat{y}(t) - z(t)|$ oder irgendeine Funktion dieser Abweichung nehmen. Zunächst können wir feststellen, daß sich die Varianz σ^2 in zwei Summanden zerlegen läßt, von denen der eine den systematischen und der andere den zufälligen Fehler im Wirken eines Regelungssystems ausdrückt.

Wir bezeichnen mit $\hat{y}_s(t)$ den Wert des Eingangssummanden, der (der Wert) das Ergebnis der Systemstruktur ist, und mit $\varepsilon(t)$ den zufälligen Fehler im Wirken des Systems. Dann ist $\hat{y}(t) = \hat{y}_s(t) + \varepsilon(t)$ und $\hat{y}(t) - z(t) = \hat{y}_s(t) - z(t) + \varepsilon(t)$. Wir erhalten also:

$$[\hat{y}(t) - z(t)]^2 = [\hat{y}_s(t) - z(t)]^2 + [\varepsilon(t)]^2 - 2\,[\hat{y}_s(t) - z(t)]\,\varepsilon(t)\,.$$

Als Ergebnis gewinnen wir

$$\sigma^2 = \frac{1}{\Theta}\int\limits_0^{\Theta} [\hat{y}_s(t) - z(t)]^2\, dt + \frac{1}{\Theta}\int\limits_0^{\Theta} [\varepsilon(t)]^2\, dt$$
$$+ \frac{2}{\Theta}\int\limits_0^{\Theta} [\hat{y}_s(t) - z(t)]\,\varepsilon(t)\, dt\,.$$

[24]) Vgl. zum Beispiel Stefan Szulc, Metody statystyczne, 2. Auflage, Warszawa 1961, S. 243. A. Weryha, Statystyka teoretyczna, Bd. I, Warszawa 1954, S. 115 und O. Lange, Teoria statystyki, Teil I, Warszawa 1952, S. 130.

Wenn wir annehmen, daß der zufällige Fehler $\varepsilon(t)$ vom systematischen Fehler $\hat{y}_j(t) - z(t)$ unabhängig ist, oder zumindest in keiner Korrelation zu ihm steht, so stellen wir in Übereinstimmung mit dem bekannten Satz der mathematischen Statistik fest, daß der letzte Ausdruck auf der rechten Seite gleich Null ist.[25]) Bezeichnen wir den ersten Ausdruck auf der rechten Seite mit σ_s^2 und den zweiten mit σ_ϱ^2, so erhalten wir:

$$\sigma^2 = \sigma_s^2 + \sigma_\varrho^2 , \tag{5.42}$$

Das heißt, daß die Varianz, die den Fehler im Wirken eines Systems mißt, die Summe zweier Summanden ist, von denen der eine den systematischen Fehler und der zweite den zufälligen Fehler bestimmt. Beide Summanden sind Varianzen. Die Verwendung der Varianz als Maß des mittleren zufälligen Fehlers ergibt sich aus der Bedeutung und den Eigenschaften, die diese Kennziffer als Parameter der Wahrscheinlichkeitsverteilung und als Maß des Schätzungsfehlers in der mathematischen Statistik besitzt. Als Maß des systematischen Fehlers verwenden wir sie aus Gründen der Bequemlichkeit, da wir dann Formel (5.42) ausnutzen können. Als Ergebnis dessen läßt sich auch der Gesamtfehler, also der systematische Fehler plus zufällige Fehler, mit der Varianz ermitteln, das heißt mit Formel (5.38). Das deckt sich mit den Verfahren, die gewöhnlich in der Statistik zum Ausgleich und bei der Extrapolation von Zeitreihen angewandt werden.[26])

Wir gehen nun auf einen ganz besonders wichtigen Gesichtspunkt der Güte der Wirkung von Regelungssystemen ein, nämlich auf das Probelm der Zuverlässigkeit. Ein einzelnes Systemelement kann zum Beispiel *versagen*. Das heißt, die Transformation, die es normalerweise ausführt, bleibt aus. Das kann darauf zurückzuführen sein, daß anstelle der vorgesehenen Transformation eine Null-Transformation stattfindet. Das heißt, der Ausgangszustand nimmt unabhängig vom Eingangszustand den Wert Null an, oder auch darauf, daß sich bei einer vorgegebenen

[25]) Da die mittlere Wahrscheinlichkeitsverteilung des zufälligen Fehlers gleich Null ist (das ergibt sich aus der Definition des zufälligen Fehlers, ist das nicht so, dann liegt ein systematischer Fehler vor), läßt sich dieser Ausdruck als Kovarianz des systematischen und des zufälligen Fehlers interpretieren. Die Kovarianz ist gleich Null, wenn zwischen den Fehlern keine Korrelation besteht und natürlich auch, wenn sie unabhängig sind. (Zwischen statistischen Größen, die unabhängig sind, besteht keine Korrelation, nicht unbedingt aber umgekehrt).

[26]) Vgl. N. Wiener, Extrapolation, Interpolation and Smoothing of Statistical Time Series, New York 1949, S. 13–14.

Eingangsgröße die Ausgangsgröße vom Sollwert weiter entfernt als zulässig ist (die Toleranz überschreitet). Im ersten Falle sagen wir, daß das Element *nicht funktioniert*, und im zweiten Falle, daß es *schlecht funktioniert*. Beide Male sprechen wir vom *Versagen* des Elements. Wir nehmen nun an, daß jedes Systemelement mit einer ihm eigenen Wahrscheinlichkeit im Verlaufe eines bestimmten Zeitabschnittes versagt. Diese Wahrscheinlichkeit, die wir mit q bezeichnen, nennen wir den *Unzuverlässigkeitsfaktor* des betreffenden Systems. Dann ist also $p = 1 - q$ die Wahrscheinlichkeit, daß das Element im betreffenden Zeitabschnitt nicht versagt; wir nennen diese Größe den *Zuverlässigkeitsfaktor*[27]).

Der Zuverlässigkeitsfaktor ist also ein Wahrscheinlichkeitswert. Bei einer großen Anzahl unabhängiger[28]) Wiederholungen der Wirkung wird diese Wahrscheinlichkeit, entsprechend dem Gesetz der großen Zahl, die relative Häufigkeit der Fälle ausdrücken, in denen das Element innerhalb eines bestimmten Zeitabschnittes zuverlässig wirkt. Wir bezeichnen diesen Zeitabschnitt mit τ. Hat der Ausgangszustand y, der dem Eingangszustand x entspricht, den Wert $y = T\,x$ (wo T ein Transformationsoperator ist) und ist p die Zuverlässigkeit des Elements, während mit der Wahrscheinlichkeit $q = 1 - p$ das Element nicht funktioniert, so hat der Ausgangszustand in der Zeit τ den Mittelwert (mathematische Erwartung) $p\,y = p\,T\,x$. Infolgedessen läßt sich die Zuverlässigkeit eines Systemelements im Blockschaltbild als zusätzliches in Reihe gekoppeltes Element darstellen, in dem eine proportionale Transformation mit dem Operator $0 \leqq p \leqq 1$ stattfindet. (Vgl. dazu Abb. 56).

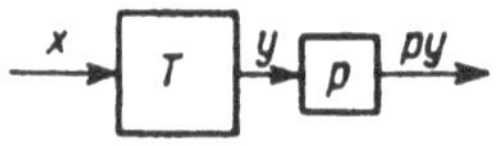

Abb. 56

[27]) Englisch: reliability, russisch: nadežnost' und französisch: fiabilité.

[28]) Das Gesetz der großen Zahl gilt auch unter gewissen Bedingungen, wenn die Wiederholungen eines bestimmten Ereignisses nicht unabhängig sind. Zu den Bedingungen, unter denen das Gesetz der großen Zahl erfüllt ist, siehe O. Lange, Teoria statystyki, Teil II, Warszawa 1952 (Manuskript), S. 139–145 und B. W. Gnedenko, Kurs teorii verojatnostej, Moskva-Leningrad 1950, Abschnitt 7. Vgl. auch S. N. Bernštejn, Teorija verojatnostej, Moskva-Leningrad 1934, S. 171–192. Die allgemeinste Darstellung gibt A. Rényi, Wahrscheinlichkeitsrechnung, Berlin 1962, S. 348 bis 350.

Wir betrachten nun ein System, das aus n in Reihe gekoppelten Elementen besteht. Wir bezeichnen mit $T_1, T_2, \ldots, T_n$ die Operatoren, die die Transformationen dieser Elemente bestimmen, und mit $p_1, p_2, \ldots, p_n$ die Zuverlässigkeit der einzelnen Elemente, und zwar in dem festgelegten Zeitraum τ. Dann erhalten wir ein Blockschaltbild, wie es Abb. 57a zeigt. Wir nehmen ferner an, daß die Zuverlässigkeit der Elemente unabhängig ist. Die Gesamttransformation, die in diesem System stattfindet, ist $T_n p_n \ldots T_2 p_2 T_1 p_1 x$, wo x der Eingangszustand des Systems ist. Da $p_1, p_2, \ldots, p_n$ Operatoren linearer Transformationen sind, unterliegen sie dem Gesetz der Kommutativität, so daß diese Transformationen auch in der Form $p_1 p_2 \ldots p_n T_n \ldots T_2 T_1 x$ geschrieben werden können. Schreibt man $y = T_n \ldots T_2 T_1 x$, so erhält man schließlich:

$$p_1 p_2 \ldots p_n y = p_1 p_2 \ldots p_n T_n \ldots T_2 T_1 x .$$

Diese Schreibweise ist in Abb. 57b veranschaulicht.

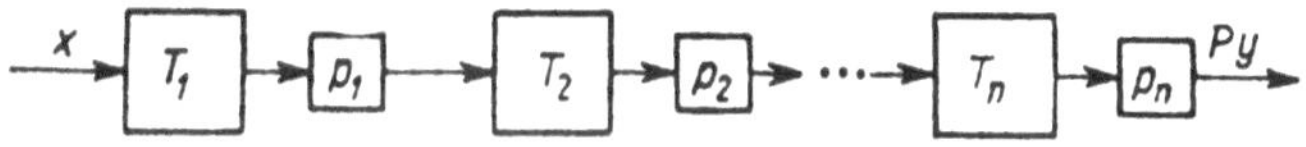

Abb. 57a

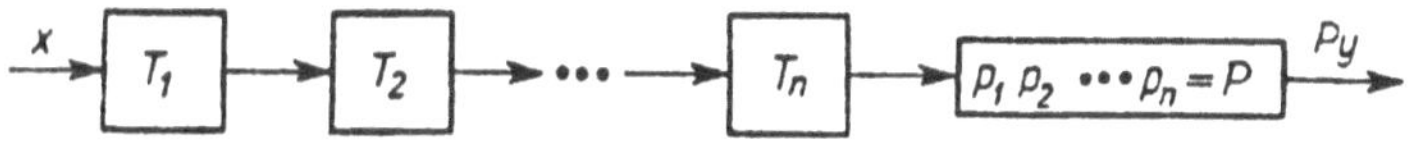

Abb. 57b

Dieses Ergebnis läßt sich weiter vereinfachen, wenn man die Gesamttransformation mit den Operatoren $T = T_n \ldots T_2 T_1$ und $P = p_1 p_2 \ldots p_n$ einführt. Wir erhalten dann:

$$P y = P T x . \tag{5.43}$$

Die Wirkung des Systems ist hier summarisch dargestellt, wie in Abb. 58.

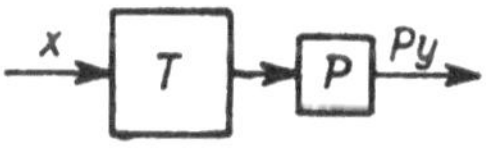

Abb. 58

Den Gesamtoperator P bezeichnen wir als *Zuverlässigkeit des Systems.* Wie wir sehen, gilt folgende Beziehung:

$$P = p_1 p_2 \ldots p_n , \qquad (5.44)$$

Das heißt, daß die Zuverlässigkeit eines Systems, das aus einer Anzahl in Reihe gekoppelter Elemente besteht, gleich dem Produkt der Zuverlässigkeiten seiner Elemente ist. Da die Zuverlässigkeit ein Wahrscheinlichkeitswert ist, ist also $0 \leqq p_i \leqq 1$, für $i = 1, 2, \ldots, n$. Wenn wir die trivialen Grenzfälle $p_1 = p_2 = \cdots = p_n = 1$ und $p_1 = p_2 = \cdots = p_n = 0$ außer acht lassen, wenn entweder alle Elemente völlig zuverlässig bzw. absolut unzuverlässig wirken, so finden wir, daß *die Zuverlässigkeit eines Systems mit der Anzahl der in Reihe gekoppelten Elemente abnimmt,* da der Wert von P kleiner wird, wenn die Anzahl der Faktoren im Produkt (5.44) zunimmt. Bezeichnen wir mit p die mittlere geometrische Zuverlässigkeit der Elemente ($0 \leqq p \leqq 1$, wenn alle $0 \leqq p_i < 1$), so erhalten wir:

$$P = p^n , \qquad (5.45)$$

Das heißt, die Zuverlässigkeit nimmt bei steigender Anzahl in Reihe gekoppelter Elemente in geometrischer Progression ab.

Wir veranschaulichen das anhand folgender Tabelle:

Anzahl der Elemente im System n	Mittlere Zuverlässigkeit des Elements p	Zuverlässigkeit des Systems P
10	0,99	0,9
100	0,99	0,4
1000	0,99	0,00004
500	0,999	0,6
1000	0,999	0,4

Wie wir sehen, besitzt bei einer großen Anzahl in Reihe gekoppelter Elemente das System eine geringe Zuverlässigkeit, selbst wenn die Zuverlässigkeit des einzelnen Elementes groß ist. Beträgt die mittlere Zuverlässigkeit des Elements zum Beispiel 0,99, das heißt, funktioniert das Element mit einer Wahrscheinlichkeit von nur 0,01 nicht, so beträgt bei einem System aus nur 100 Elementen die Zuverlässigkeit nur noch 0,4. Das heißt aber, daß die Versagenswahrscheinlichkeit 0,6 beträgt, was besagt, daß das System in mehr als der Hälfte der Fälle aussetzt. Schon bei 1000 Elementen ist das System praktisch nicht mehr verwendungsfähig, da es nur noch in 4 von 100000 Fällen zuverlässig wirkt. Sogar bei einer mittleren Zuverlässigkeit des Einzelelements von 0,999, das heißt bei einer Unzuverlässigkeit von 1 in 1000 Fällen, beträgt die Zuverlässigkeit eines Systems aus 500 in Reihe gekoppelten Elementen nur noch 0,6, und bei 1000 Elementen gar nur noch 0,4.

Um also in einem System mit einer großen Anzahl in Reihe gekoppelter Elemente eine hinreichend große Zuverlässigkeit zu erzielen, muß die mittlere Zuverlässigkeit des Elements sehr hoch sein und fast an völlige Sicherheit grenzen. Wir zeigen das anhand folgender Tabelle, die die entsprechenden Werte für ein System aus 500 Elementen enthält:

Die Zuverlässigkeit des Systems P	Die mittlere Zuverlässigkeit des Elements p
0,7	0,993
0,8	0,9995
0,9	0,9998
0,95	0,9999

Das hier gezeigte Absinken der Zuverlässigkeit — wenn die Anzahl der in Reihe gekoppelten Elemente zunimmt — ist nicht nur in dem von uns untersuchten Falle zu verzeichnen, wo die Zuverlässigkeit der Elemente unabhängig ist. Auch die Abhängigkeit der Zuverlässigkeit der einzelnen Elemente ändert daran nichts. In diesem Falle erhalten wir anstelle der Gleichung (5.44) folgenden Ausdruck:

$$P = p_1 p_{2/1} p_{3/12} \cdots p_{n/12\ldots n-1}, \qquad (5.46)$$

wo p_1 die Zuverlässigkeit des ersten Elementes ist, $p_{2/1}$ die bedingte Zuverlässigkeit des zweiten Elementes, und zwar unter der Annahme, daß das erste Element zuverlässig ist, $p_{3/12}$ die bedingte Zuverlässigkeit des dritten Elements, wiederum unter der Annahme, daß das erste und das zweite Element zuverlässig sind usw. Mit Ausnahme des trivialen Falles, daß alle Elemente völlig sicher wirken, sind die Faktoren, die wir im Produkt der rechten Seite dieser Gleichung haben, immer kleiner als 1. Infolgedessen verringert sich auch hier der Wert von P, wenn die Anzahl der Faktoren im Produkt zunimmt. Das weiter oben formulierte Ergebnis ist also allgemeingültig.

Die Feststellung, daß in Systemen in Reihe gekoppelter Elemente die Zuverlässigkeit bei zunehmender Anzahl dieser Elemente rasch absinkt, ist das Grundgesetz der Theorie der Zuverlässigkeit von Regelungssystemen. Dieses Gesetz zeigt seine Wirkung in den verschiedensten Gebieten. So zum Beispiel in der Technik, wo die Erfahrung lehrt, daß bei zunehmender Anzahl in Reihe gekoppelter Elemente eines mechanischen oder auch elektrischen Systems, oder bei zunehmender Anzahl der Glieder in einer chemischen Reaktionskette die Zuverlässigkeit rasch abnimmt. Wir stoßen auf dieses Gesetz auch in den Funktionen lebender Organismen und in der Tätigkeit des Menschen, wenn wir es mit einer langen Kette mittelbarer Wirkungen zu tun haben.

Wird eine solche Kette sehr lang, so läßt sich der erwünschte Effekt nur noch mit einer sehr geringen Sicherheit erzielen, da jedes einzelne Glied in einer solchen Kette versagen kann und die Wahrscheinlichkeit, daß alle Glieder gleichzeitig zuverlässig wirken, sehr gering wird. Das hat weitreichende Folgen in der Wirtschaft und in der Politik.

Diesem Gesetz begegnen wir auch in der Logik, und zwar bei logischen Schlußfolgerungen, die nicht sicher sind. Läuft eine logische Schlußfolgerung über eine große Anzahl von Gliedern, so zeichnet sie sich stets durch geringe Zuverlässigkeit aus, da die Wahrscheinlichkeit, daß eine sehr lange Kette zu richtigen Ergebnissen führt, nur gering ist. Ergebnisse, die aus solchen Schlüssen stammen, sind recht unzuverlässig. Das trifft besonders für lange Ketten zu, deren einzelne Glieder nicht sämtlich praktisch erprobt sind, das heißt letztlich für spekulative theoretische Systeme aller Art, sei es in der Philosophie oder in anderen Wissensgebieten, wie zum Beispiel in der Politischen Ökonomie, der Soziologie, der Kosmologie, der Geologie usw. Das erklärt auch die Unfruchtbarkeit wissenschaftlicher Theorien, die auf rein spekulativen Schlüssen beruhen und zu wenig Bezug auf die Erfahrung nehmen.

Da viele technische Vorrichtungen für die Erzielung eines erwünschten Effekts eine große und mitunter sogar sehr große Anzahl in Reihe gekoppelter Elemente benötigen, und da das gleiche auch für lebende Organismen und für die Tätigkeit des Menschen gilt, entsteht die Frage, ob man die Zuverlässigkeit eines Systems erhöhen kann, ohne die Anzahl seiner in Reihe gekoppelten Elemente zu verringern. Daß es eine solche Möglichkeit gibt, zeigt uns die Biologie. Die Lebensfunktionen der Organismen und insbesondere das Funktionieren des zentralen Nervensystems des Menschen besitzen einen hohen Zuverlässigkeitsgrad, obwohl in ihnen eine große Anzahl in Reihe gekoppelter Elemente (zum Beispiel Neuronen im Rezeptor-Effektorkreis) auftreten. Die hohe Zuverlässigkeit dieser Organismen, die sehr komplizierte

Systeme aus zahlreichen untereinander gekoppelten Elementen bilden, beweist, daß man Systeme aus einer großen Anzahl von Elementen aufbauen kann, die dennoch mit großer Zuverlässigkeit funktionieren. Es handelt sich also darum, die „Konstruktionsprinzipien" dieser Systeme aufzudecken.

Diese „Konstruktionsprinzipien" konnten tatsächlich gefunden werden. Im Jahre 1952 hielt John von Neumann, einer der bedeutendsten Mathematiker der Gegenwart — er ist unlängst verstorben — ein Referat mit dem Titel „Wahrscheinlichkeitslogik und Synthese zuverlässiger Organismen aus nichtzuverlässigen Komponenten"[29]. Dieser Beitrag, in dem Neumann zeigte, wie man aus nichtzuverlässigen Elementen ein System mit hinreichend hoher Zuverlässigkeit aufbauen kann, bildet die Grundlage der modernen Theorie und Technik der Zuverlässigkeit. Er ist der Ausgangspunkt umfangreicher Forschungen und Beiträge, die zu diesem Thema erschienen sind.[30]

Das „Konstruktionsprinzip", nach dem sich aus nichtzuverlässigen Elementen Systeme mit einer hinreichend großen Zuverlässigkeit aufbauen lassen, ist einfach. Es beruht darauf, in das System eine entsprechende Anzahl parallel gekoppelter *Reserveelemente* einzuführen, bzw., wie mitunter gesagt wird, die Elemente durch Parallelkopplung zu vervielfachen. Die Parallelkopplung vervielfachter Elemente unter-

[29]) Probabilistic Logic and the Synthesis of Reliable Organisms from Unreliable Components, California Institute of Technology 1952. Dieser Beitrag ist abgedruckt in John von Neumann, Collected Works, Bd. V, Oxford–London 1963. Die russische Übersetzung ist enthalten in dem Sammelband Avtomaty, Moskva 1956.

[30]) Neben dem Referat von Neumann ist die bedeutsamste Arbeit auf diesem Gebiet der Beitrag von E. F. Moore und C. E. Shannon, Reliable Circuits Using Less Reliable Relays, in „Journal of the Franklin Institute", 1956. Die russische Übersetzung ist enthalten in Kibernetičeskij sbornik, Bd. I, Moskva 1960. Vgl. auch F. Reza, A Note on Reliability Functions, Proceedings of the 2nd International Congress of Cybernetics, Namur 1960 (Russische Übersetzung in Kibernetičeskij sbornik, Bd. V, Moskva 1962). Eine systematische Übersicht über den heutigen Stand dieses Wissensgebietes gibt V. M. Gluškov, Sintez cifrovych avtomatov, Moskva 1962, Abschn. III, § 3. Zur Anwendung dieses „Konstruktionsprinzips" in lebenden Organismen s. W. C. Culloch, The Reliability of Biological Systems in dem Sammelband Self-Organizing Systems, Oxford–London 1960. Vgl. auch J. Cowan, Many Valued Logics and Reliable Automata im Sammelband Principles of Self-Organisation Oxford–London 1962.

scheidet sich jedoch von den bisher betrachteten Fällen der Parallelkopplung. In den Beispielen, die wir bisher behandelt hatten, waren bei Parallelkopplung die Werte des Ausgangszustandes summiert worden. In den entsprechenden Blockschaltbildern ist das so dargestellt, daß die Linien, die die Ausgangszustände der einzelnen Elemente repräsentieren, im sogenannten Additionspunkt zusammengeführt wurden, den wir durch das Symbol ⊕ gekennzeichnet hatten. Wir nehmen nun an, daß der Ausgangszustand eines Systems parallel gekoppelter Elemente einen Wert annimmt, der dem Ausgangszustand nur eines einzigen der Systemelemente entspricht. Eine solche Parallelkopplung bezeichnen wir als *Alternativkopplung*. Der Ausgangszustand des Systems wird hier von einem beliebigen Systemelement festgelegt, wobei die jeweils restlichen Elemente diesen Ausgangszustand des Systems nicht beeinflussen, also „untätig", oder, mit anderen Worten, „in Reserve" bleiben. Im Blockschaltbild läßt sich eine alternative Parallelkopplung so darstellen, daß diejenigen Linien, die die Ausgangszustände der einzelnen Elemente repräsentieren, in einem Knotenpunkt zusammenlaufen, den wir mit dem Symbol ⓥ bezeichnen, das heißt durch einen Kreis mit dem Operator der logischen Disjunktion. Diesen Knotenpunkt bezeichnen wir als Disjunktionspunkt. Er vertritt ein System, in dem eine nichtlineare Transformation, nämlich die logische Operation der Disjunktion stattfindet (A oder B oder C oder ...). Blockschaltbild 59 zeigt eine alternative Parallelkopplung.

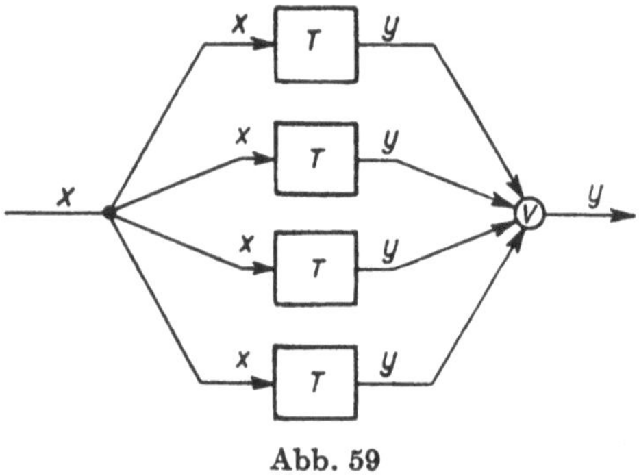

Abb. 59

In diesem Schema wird angenommen, daß alle Elemente den gleichen Transformationsoperator haben, allerdings nur eines der Resultate an den Ausgangszustand des Systems weitergeleitet wird. Dieses Verfahren läßt sich auf verschiedene Weise realisieren. So kann zum Beispiel überhaupt nur eines der Elemente aktiv sein, das heißt die Transformation ausführen, während die anderen inaktiv bleiben (das heißt, eine Null-Transformation ausführen) und solange in Reserve verharren, bis das aktive Element aussetzt, worauf dann eines der Reserveelemente zum aktiven Element wird. Falls auch dieses Element aussetzt, so wird ein weiteres der restlichen Reserveelemente zum aktiven Element usw. So verfährt man häufig in technischen Vorrichtungen (Maschinen, Apparaten usw.). Man spricht dann von der sogenannten *unausgelasteten Reserve*. Man kann auch anders vorgehen. Es können zum Beispiel alle oder zumindest einige Elemente aktiv sein. Dann wird im Disjunktionspunkt die Summe der Ausgangszustände reduziert, indem man sie durch die Anzahl der aktiven Elemente teilt, so daß der Ausgangszustand des Systems immer dem Ausgangszustand nur eines einzigen Elements entspricht. Das ist eine sogenannte „uneigentliche Disjunktion", da im Disjunktionspunkt eigentlich eine proportionale Transformation stattfindet, nämlich die Teilung durch die Anzahl der aktiven Elemente. Das Ergebnis ist jedoch das gleiche wie im Falle der echten Disjunktion. Das zuletzt genannte Verfahren treffen wir häufig in lebenden Organismen an. Mit zwei Augen sehen wir zum Beispiel nicht stärker als mit einem, wenn auch das Gesichtsfeld breiter ist. Verlieren wir ein Auge, so sehen wir ebenso stark wie mit zwei Augen. Wird eine Niere durch chirurgischen Eingriff entfernt, so arbeitet die andere Niere so intensiv wie vorher die beiden zusammen. In der Technik wird diese Situation als *ausgelastete Reserve* bezeichnet. Man unterscheidet auch Fälle der sogenannten *teilweise ausgelasteten Reserve*.

Wir untersuchen nun ein System etwas genauer, das sich aus m gleichartigen alternativ parallel gekoppelten Elementen zusammensetzt. In jedem Element findet die gleiche Transformation $y = T x$ statt; jedes Element zeichnet sich außerdem durch eine bestimmte Zuverlässigkeit seiner Wirkung aus. Die Zuverlässigkeit der einzelnen Elemente bezeichnen wir mit $p_1, p_2, \ldots, p_m$. Das entsprechende Blockschaltbild gibt uns Abb. 60. Die Zuverlässigkeit des i-ten Elements beträgt $q_i = 1 - p_i \, (i = 1, 2, \ldots, m)$. Die Wahrscheinlichkeit, daß alle Elemente gleichzeitig aussetzen, ist gleich dem Produkt $q_1, q_2, \ldots, q_m$, was wir in folgender Form schreiben können:

$$\prod_{i=1}^{m} q_i = \prod_{i=1}^{m} (1 - p_i) \,. \tag{5.47}$$

Da die Systemelemente alternativ parallel gekoppelt sind, versagt das System nur dann, wenn alle seine Elemente gleichzeitig versagen, aber bereits das normale Funktionieren eines einzigen Elements reicht aus, um die Zuverlässigkeit des Systems zu sichern. Die Zuverlässigkeit des Systems ist gleich der Wahrscheinlichkeit, daß nicht alle Elemente gleichzeitig aussetzen. Bezeichnen wir wie vorher die Zuverlässigkeit des Systems mit P, so erhalten wir:

$$P = 1 - \prod_{i=1}^{m} (1 - p_i) . \tag{5.48}$$

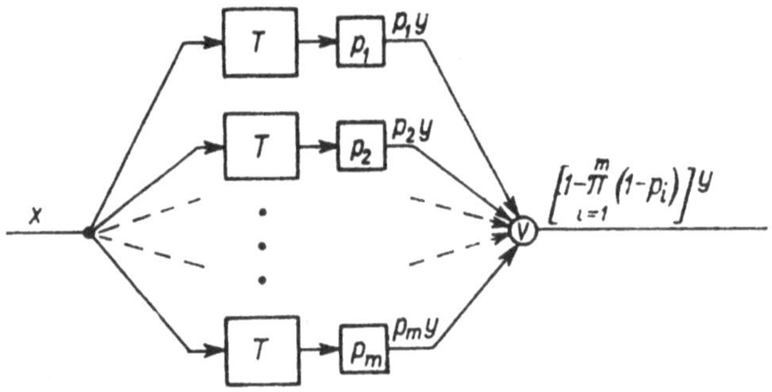

Abb. 60

Lassen wir die trivialen Fälle, daß alle $p_i = 1$ bzw. alle $p_i = 0$ außer acht (also die Fälle, daß entweder das System völlig sicher funktioniert oder aber völlig funktionsuntüchtig ist), so finden wir, daß die *Zuverlässigkeit des Systems mit der Anzahl der alternativ parallel gekoppelten Elemente zunimmt.* Bezeichnen wir mit q die mittlere geometrische Zuverlässigkeit des Elements ($0 < p_i < 0$), so erhalten wir:

$$P = 1 - q^m . \tag{5.49}$$

Die Nichtzuverlässigkeit des Systems vermindert sich in geometrischer Progression mit der Anzahl alternativ parallel gekoppelter Elemente, und seine Zuverlässigkeit wächst entsprechend der Formel (5.49). Dieses Ergebnis läßt sich auch auf den Fall ausdehnen, daß die Zuverlässigkeit (bzw. die Nichtzuverlässigkeit) der einzelnen Systemelemente abhängig ist.

Die eben formulierte Eigenschaft der Zuverlässigkeit von Systemen alternativ parallel gekoppelter Elemente gestattet es, die Zuverlässigkeit von Systemen aller Art zu erhöhen. Wir betrachten zu diesem Zweck ein System, das aus n in Reihe gekoppelten Elementen besteht. Das j-te Element ($j = 1, 2, \ldots, n$) vervielfachen wir m_j mal, und zwar durch eine alternative Parallelkopplung. Das heißt, jedes j-te Element enthält $m_j - 1$ Reserveelemente. Zur Veranschaulichung dieses Systems betrachten wir Abb. 61.

Wir bezeichnen mit p_{ij} die Zuverlässigkeit des i-ten alternativ parallel gekoppelten Elements im j-ten Glied der Reihenkopplung. Nach Formel (5.48) erhalten wir dann für die Gesamtzuverlässigkeit des j-ten Gliedes:

$$P_j = 1 - \prod_{i=1}^{m_j} (1 - p_{ij}) . \qquad (5.50)$$

Die Zuverlässigkeit des gesamten Systems der in Reihe gekoppelten Glieder ist das Produkt der Zuverlässigkeiten der einzelnen Glieder:

$$P = P_1 P_2 \ldots P_n$$

bzw.

$$P = \prod_{j=1}^{n} \left[1 - \prod_{i=1}^{m_j} (1 - p_{ij}) \right] . \qquad (5.51)$$

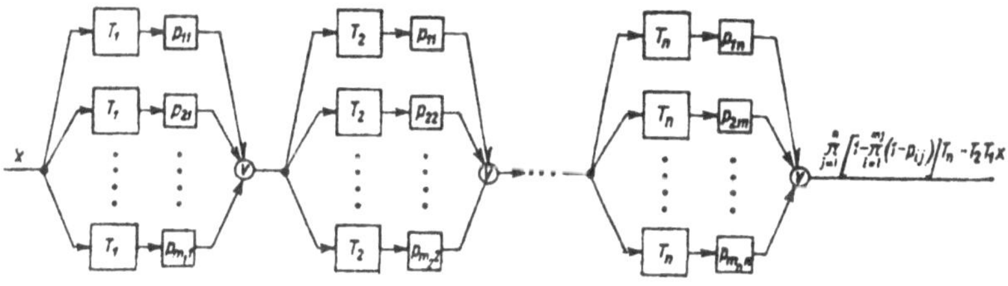

Abb. 61

Formel (5.51) zeigt uns, daß die Zuverlässigkeit eines Systems in Reihe gekoppelter Elemente beliebig nahe an die Größe 1 herangeführt werden kann, das heißt beliebig nahe an die völlige Sicherheit der Wirkung. Das läßt sich erreichen durch eine entsprechende Vervielfachung der einzelnen in Reihe gekoppelten Glieder, und zwar in Form einer alternativen Parallelkopplung. Wie aus der Formel zu entnehmen ist, läßt sich der Ausdruck $\prod_{i=1}^{m_j} (1 - p_{ij})$ bei einer genügend großen Vervielfachung m_j beliebig nahe an den Wert Null heranführen, so daß die Zuverlässigkeit P des Systems nahe an 1 herankommt. Die Vielfachheit m_j läßt sich ohne Nachteile für die Zuverlässigkeit des Systems vergrößern. Im Gegenteil, sie vergrößert die Zuverlässigkeit.

Infolgedessen läßt sich die Vielfachheit „nach oben annähern", indem man immer den größtmöglichen Wert nimmt; wir bezeichnen ihn mit m. Als Ergebnis dieser Annäherung erhalten wir $m_1 = m_2 = \cdots = m_n = m$. Wir bestimmen nun die mittlere Zuverlässigkeit des Elements im Gesamtsystem. Wir gehen in zwei Schritten vor und greifen dabei auf das geometrische Mittel zurück. Wir schreiben:

$$\prod_{j=1}^{m} (1 - p_{ij}) = (1 - p_j)^m$$

und definieren $1 - p_j$ als mittlere Nichtzuverlässigkeit und p_j als mittlere Zuverlässigkeit des Elements im j-ten Glied der Reihenkopplung. Der Ausdruck $1 - (1 - p_j)^m$ bezeichnet dann die Zuverlässigkeit des j-ten Gliedes der Reihenkopplung. Wir schreiben ferner:

$$\prod_{j=1}^{n} [1 - (1 - p_j)^m] = [1 - (1 - p)^m]^n$$

und definieren den Ausdruck $[1 - (1 - p)]$ als mittlere Zuverlässigkeit des einzelnen Gliedes der Reihenkopplung. Dann kann man p als mittlere Zuverlässigkeit des Elementes im Gesamtsystem interpretieren.

Als Ergebnis dieser Überlegungen läßt sich für Formel (5.51) folgender Ausdruck schreiben:

$$P = [1 - (1 - p)^m]^n\,, \tag{5.52}$$

wo n die Anzahl der Glieder in der Reihenkopplung ist und m die Anzahl der alternativ parallel gekoppelten Elemente in jedem Glied ($m - 1$ ist also die Anzahl der Reserveelemente im Glied); p bezeichnet die mittlere Zuverlässigkeit des Elements im Gesamtsystem. Aus Formel (5.52) läßt sich die Anzahl der Vervielfachungen ermitteln, die erforderlich ist — bei einer beliebigen Anzahl in Reihe gekoppelter Glieder und gegebener mittlerer Zuverlässigkeit des Elements —, um eine beliebige vorgegebene Zuverlässigkeit P des Systems zu erreichen. Zu diesem Zwecke formen wir Gleichung (5.52) wie folgt um:

$$(1 - p)^m = 1 - P^{1/n}\,.$$

Daraus erhalten wir:

$$m \log(1 - p) = \log(1 - P^{1/n})$$

und schließlich:

$$m = \frac{\log(1 - P^{1/n})}{\log(1 - p)}. \tag{5.53}$$

Aus dieser Formel ist sofort ersichtlich, daß bei gegebenen Werten von p und n der Wert m dann zunimmt, wenn der vorgegebene Wert von P vergrößert wird; und weiter: bei gegebenen p und P wächst m, wenn n zunimmt.

Folgende Tabelle enthält die Werte von P, die verschiedenen Werten von m und n entsprechen, wenn $p = 0{,}9$ ist.[31])

		Die Anzahl der Glieder in der Reihenkopplung			
		$n = 1$	$n = 3$	$n = 20$	$n = 100$
Die Anzahl der parallel	$m = 1$	0,90	0,73	0,12	0,000026
gekoppelten Elemente	$m = 2$	0,99	0,97	0,81	0,35
im Glied	$m = 3$	0,999	0,997	0,98	0,90

Wie aus dieser Tabelle zu entnehmen ist, vergrößert die Vervielfachung der Elemente in den einzelnen in Reihe gekoppelten Gliedern rasch die Zuverlässigkeit des Gesamtsystems. Bei einer mittleren Zuverlässigkeit des Elements von 0,9 (das Element versagt also in einem Zehntel der Fälle) reicht eine Verdopplung der Elemente aus, um in den einzelnen Gliedern eine Zuverlässigkeit von 0,99 zu erreichen, und eine Verdreifachung, das heißt die Absicherung durch zwei Reserveelemente im Glied, erhöht die Zuverlässigkeit auf 0,999. Das ist eine Situation, die man als so gut wie sicher bezeichnen kann, da in 1000 Fällen das Glied nur einmal versagt. Ein System, das aus 20 in Reihe gekoppelten Gliedern besteht, erhält durch die Einführung von nur zwei Reserveelementen – also durch eine dreifache Parallelkopplung im Glied – bereits eine mittlere Zuverlässigkeit von 0,98, die die mittlere Zuverlässigkeit des Einzelelements weit übertrifft. Ein System, das aus 100 in Reihe gekoppelten Gliedern besteht, besitzt bei zwei Reserveelementen pro Glied, eine Zuverlässigkeit, die gleich der mittleren Zuverlässigkeit des Elementes ist. Es erweist sich also, daß die Einführung

[31]) Vgl. D. W. Chorafas, Statistical Processes and Reliability Engineering Princeton, N. J.: van Nostrand 1960 (polnisch: Procesy statystyczne i niezawodność urzadzeń, S. 342). Der gleichen Quelle entstammen auch die Tabellen auf S. 148 und 149.

nur weniger Reserveelemente in den einzelnen Gliedern in bezug auf die erzielte Zuverlässigkeit des Gesamtsystems außerordentlich rentabel ist.[32])

Mit Formel (5.53) läßt sich bei gegebenem p und n die Anzahl der Vervielfachungen ermitteln, die für die erwünschte Zuverlässigkeit

[32]) Man muß nicht unbedingt die einzelnen Elemente im Glied vervielfachen; das gleiche läßt sich auch an einzelnen Komplexen durchführen, die aus einer gewissen Anzahl in Reihe gekoppelter Elemente bestehen. So lassen sich zum Beispiel Auswechselteilgruppen herstellen, die selbständige Vorrichtungen bilden und in ein System eingeführt werden können wie etwa die Wechselobjektive bei der Fernsehkamera oder Austauschmotoren beim Flugzeug usw. Es sei s_j die Anzahl der in Reihe gekoppelten Elemente der j-ten Teilbaugruppe, k die Anzahl der Teilbaugruppen $\left(\sum_{j=1}^{k} s_j = n\right)$ und m_j der Vervielfachungsfaktor der j-ten Teilbaugruppe. Wenden wir unsere obigen Überlegungen auf diesen Fall an, so finden wir für die Zuverlässigkeit dieses Systems:

$$P = \prod_{j=1}^{k}\left[1 - \prod_{i=1}^{m_j}\left(1 - \prod_{j=1}^{s_j} p_{ij}\right)\right].$$

Diese Formel kann auf Formel (5.51) zurückgeführt werden, wenn $s_j = 1$ für $j = 1, 2, \ldots, k$ (dann ist $k = n$), das heißt, wenn alle Teilbaugruppen nur ein Element enthalten, das mit den anderen Elementen des Systems in Reihe gekoppelt ist. Für den Fall, daß $s_j = s = \frac{n}{k}$ und alle $m_j = m$ und p die mittlere Zuverlässigkeit des Systemelements bezeichnet, nimmt diese Formel folgende Form an:

$$P = [1 - (1 - p^{n/k})^m]^k .$$

Daraus erhalten wir:

$$m = \frac{\log(1 - p^{1/k})}{\log(1 - p^{n/k})} .$$

Es zeigt sich also, daß bei gegebenen Werten von p und P der Wert m dann am kleinsten ist, wenn $k = n$, wenn also die einzelnen Elemente und nicht ganze Teilbaugruppen vervielfacht werden. Es ist also rentabler, einzelne Elemente und nicht ganze Teilbaugruppen zu vervielfachen. Ist hingegen $k = 1$, wird also ein ganzes in Reihe gekoppeltes System vervielfacht (zum Beispiel eine ganze Maschine oder eine ganze Vorrichtung), so ist m am größten. Das ist also ein wenig rentables Verfahren. Man vgl. zu diesem Thema B. R. Levin, Teorija slučajnych processov i ee primenenie v radiotechnike, Moskva 1960, S. 20—24.

$P = P_0$ des Systems erforderlich ist. Der Wert P_0 wird dabei je nach den praktischen Bedürfnissen festgelegt, etwa $P_0 = 0{,}95$, $P_0 = 0{,}99$, $P_0 = 0{,}999$ usw. Es ist dies der Grad der Zuverlässigkeit, den wir für das Wirken irgendeines Systems fordern. Diese vorgegebene Zuverlässigkeit hat praxeologisch die gleiche Bedeutung wie der Koeffizient der statistischen Sicherheit. Die statistische Sicherheit ist tatsächlich das Maß der Zuverlässigkeit einer statistischen Schlußfolgerung (einer Schätzung bzw. einer Überprüfung einer Hypothese). Sie ist, einfach gesagt, die Zuverlässigkeit eines Systems von Wirkungen, die ein bestimmtes statistisches Verfahren ausmachen.

Unter gewissen Umständen läßt sich die optimale Größe der Zuverlässigkeit eines Systems auch auf der Grundlage der Kostenrechnung ermitteln. Jedes Element kostet einen bestimmten Betrag, und zwar nicht nur die Herstellung, sondern auch die Unterhaltung im funktionstüchtigen Zustand. Wenn ein System versagt, so führt das in der Regel zu gewissen Verlusten, die sich meistens (allerdings nicht immer, wenn zum Beispiel ein Mensch stirbt) geldmäßig ausdrücken lassen. Wir können also die Kosten, die mit der Einführung zusätzlicher Reserveelemente einhergehen, mit den Verlusten vergleichen, die beim Versagen des Systems zu erwarten sind. Man kann also zahlenmäßig angeben, wie weit sich die Erhöhung der Zuverlässigkeit bezahlt macht und auf dieser Grundlage ein dementsprechendes Optimum festlegen.

Im folgenden behandeln wir das entsprechende Berechnungsverfahren. Wir bezeichnen mit c_j die Kosten eines Elementes im j-ten Glied einer Reihenkopplung und mit s den Verlust in dem Falle, wenn das System aufhört zu wirken. Wir bezeichnen diese Verluste als *Havariekosten*. Die Wahrscheinlichkeit eines Versagens ist $1 - P$, so daß also die zu erwartenden Gesamtkosten betragen:

$$\sum_{j=1}^{n} m_j c_j + s(1 - P) . \tag{5.54}$$

Der erste Summand bezeichnet die Kosten aller vervielfachten Elemente und der zweite die mathematische Erwartung der Havariekosten. Es sind also solche Werte von m_j und P zu finden, die die gesamten zu erwartenden Kosten minimieren.

Wir nehmen an, daß wir in das j-te Glied der Reihenkopplung ein zusätzliches Reserveelement einführen. Die Kosten der vervielfachten Elemente vergrößern sich dann um c_j, gleichzeitig vergrößert sich aber auch die Zuverlässigkeit des Systems um einen gewissen Betrag, den wir mit $\Delta_j P$ bezeichnen. Die mathematische Erwartung der Havariekosten ändert sich um $s\, \Delta_j P$, und die Gesamtveränderung der Kosten beträgt:

$$c - s\, \Delta_j P \, .$$

Das Minimum der gesamten zu erwartenden Kosten liegt dann vor, wenn dieser Ausdruck gleich Null ist, das heißt, wenn[33])

$$c_j = s\, \Delta_j P \qquad (j = 1, 2, \ldots, n) \, . \tag{5.55}$$

Nun ist die zu erwartende Einsparung, die durch die Verringerung der Havariekosten erzielt wird, gleich den Kosten, die durch die Einführung eines zusätzlichen Reserveelementes entstehen.

Die Vervielfachung m_j wird in ganzen Zahlen ausgedrückt. Die oben angeführten Gleichungen müssen jedoch nicht für alle ganzzahligen Werte von m_j erfüllt sein. Dann nehmen wir als Lösung den ganzzahligen Wert von m_j, der dem die Gleichung (5.55) erfüllenden Wert am nächsten kommt.[34])

Wir bestimmen nun den Zuwachs $\Delta_j P$ der Zuverlässigkeit des Systems, der sich aus der Einführung eines zusätzlichen Reserveelements in das j-te Glied ergibt. Ausgangspunkt unserer Berechnung ist Formel (5.51), die wir zu diesem Zwecke in folgender Form schreiben:

$$P = \prod_{r \neq j} \left[1 - \prod_{i=1}^{m_r} (1 - p_{ir}) \right] \left[1 - \prod_{i=1}^{m_j} (1 - p_{ij}) \right] .$$

[33]) Betrachten wir P als stetige und differenzierbare Funktion von m_j, so läßt sich diese Bedingung in folgender Form schreiben:

$$c_j = s \frac{\partial P}{\partial m_j}$$

und als Gleichheit zwischen den maximal zu erwartenden Einsparungen an Havariekosten und den Kosten für ein zusätzlich einzuführendes Reserveelement interpretieren. Da wir jedoch annehmen, daß die Vervielfachungen m_j ganzzahlig sind, wenden wir keine Differentialrechnung an.

[34]) Das läßt sich auch ausdrücken, indem wir anstelle der Gleichungen folgende Ungleichungen nehmen:

$$s\, \Delta_j P^1 \leqq c_j \leqq s\, \Delta_j P \, ,$$

wo $\Delta_j P^1$ der Zuwachs der Zuverlässigkeit des Systems bei der Einführung des jeweils nächsten Reserveelements ist. Oder in Worten ausgedrückt: Die Kosten des zusätzlichen Reserveelements sind nicht höher als die zu erwartenden Einsparungen an Havariekosten, oder größer bzw. gleich den zu erwartenden Einsparungen aus der Einführung eines weiteren Reserveelements.

Nach der Einführung des zusätzlichen Reserveelements in das j-te Glied erhalten wir für die Zuverlässigkeit des Gesamtsystems:

$$P^1 = \prod_{r \neq j} \left[1 - \prod_{i=1}^{m_r} (1 - p_{ir})\right] \left[1 - \prod_{i=1}^{m_j+1} (1 - p_{ij})\right].$$

Die Differenz $P^1 - P$, das heißt der Zuwachs der Zuverlässigkeit des Systems, beträgt also:

$$\Delta_j P = \prod_{r \neq j} \left[1 - \prod_{i=1}^{m_r} (1 - p_{ir})\right] \left[\prod_{i=1}^{m_j} (1 - p_{ij}) - \prod_{i=1}^{m_j+1} (1 - p_{ij})\right],$$

das heißt:

$$\Delta_j P = \prod_{r \neq j} \left[1 - \prod_{i=1}^{m_r} (1 - p_{ir})\right] \left[\prod_{i=1}^{m_j} (1 - p_{ij})\right] p_{ij}. \qquad (5.56)$$

Diese Formel läßt sich vereinfachen, indem die mittlere Zuverlässigkeit p des Elementes des j-ten Gliedes und die entsprechende mittlere Zuverlässigkeit der Elemente in den anderen Gliedern eingeführt wird. Dann erhalten wir folgenden Ausdruck:

$$\Delta P = \prod_{r \neq j} [1 - (1 - p_r)^{m_r}] (1 - p_j)^{m_j} p_j. \qquad (5.57)$$

Aus diesen Gleichungen bestimmen wir die optimalen Werte von m_j, und zwar in der Weise, daß wir dann, wenn der erhaltene Wert nicht ganzzahlig ist, die dem betreffenden Wert am nächsten liegende ganze Zahl nehmen. Wir schreiben Gleichung (5.55) in folgender Form:

$$(1 - p_j)^{m_j} = \frac{c_j}{s \prod_{r \neq j} [1 - (1 - p_r)^{m_r}] p_j}, \qquad (5.58)$$

Daraus erhalten wir:

$$m_j = \frac{\log \frac{c_j}{s} - \log \prod_{r \neq j} [1 - (1 - p_r)^{m_r}] - \log p_j}{\log (1 - p_j)} \quad (j = 1, 2, \ldots, n). \qquad (5.59)$$

Setzen wir die erhaltenen Werte m_j (bzw. die ihnen am nächsten kommenden ganzen Zahlen) in Formel (5.51) ein, so erhalten wir den optimalen Wert der Zuverlässigkeit des Gesamtsystems.

In den Gleichungen (5.58) sind die Koeffizienten von s, die wir rechts haben, immer kleiner als 1. Damit diese Gleichungen erfüllt werden können, muß $c_j < s$ sein, da andernfalls die Kosten für das zusätzliche Reserveelement immer die zu erwartenden Einsparungen an Havariekosten übersteigen würden. Ist diese Bedingung erfüllt, so haben diese

Gleichungen auch dann eine Lösung, wenn die rechten Seiten eine monoton abnehmende Funktion von m_j sind. Es gibt dann also immer einen solchen Wert m_j — und zwar nur einen —, der die entsprechende Gleichung im Bereich der reellen Zahlen erfüllt. Aus Formel (5.58) ist ersichtlich, daß dann, wenn c_j gegenüber s zunimmt, m_j immer abnimmt, selbst wenn sich p_j vergrößert. Der Zusammenhang ist völlig klar: Je höher die Kosten für ein zusätzliches Reserveelement gegenüber den Einsparungen an zu erwartenden Havariekosten sind, um so weniger Reserveelemente lohnt es sich einzuführen. Selbst die Vergrößerung der mittleren Zuverlässigkeit des Elements verringert die Anzahl der rentablen Reserveelemente. Als Ergebnis läßt sich somit folgende Behauptung formulieren: Eine größere Anzahl von Reserveelementen lohnt sich nur dort, wo die Zuverlässigkeit und die Kosten für ein Reserveelement niedriger sind.

Das hier besprochene „Konstruktionsprinzip", aus Elementen mit einer bestimmten Nichtzuverlässigkeit ein System von hoher Zuverlässigkeit aufzubauen, spielt nicht nur in der Technik eine große Rolle. Dem gleichen Konstruktionsprinzip begegnen wir in lebenden Organismen, in gesellschaftlichen und insbesondere in wirtschaftlichen Prozessen. Das Vorhandensein eines „Übermaßes" an Reserveeinheiten ist charakteristisch für das Leben, für individuelle Organismen und Arten. Es ist schließlich bekannt, wie viele Keimzellen es im Verhältnis zu den tatsächlich entstehenden Organismen gibt, und wieviele neue Organismen im Verhältnis zur Anzahl derjenigen, die das Fortpflanzungsalter erreichen. Hier ist die Zuverlässigkeit des einzelnen Elementes außerordentlich niedrig, sie wird aber durch eine sehr große Anzahl von Reserveelementen kompensiert, so daß jede biologische Art letzten Endes ein System mit einer hohen Zuverlässigkeit der Erhaltung darstellt. So ist also die sogenannte Verschwendung der Natur, wie diese Reserve so oft genannt wird, ein Faktor, der der Erhaltung der Arten eine hohe Zuverlässigkeit verleiht.

In einem individuellen Organismus schafft eine große Anzahl von Reserveelementen einen hohen Grad der Zuverlässigkeit im Wirken und in der Erhaltung des Organismus. Auch das Prinzip des symmetrischen Aufbaus des menschlichen und tierischen Körpers ist als Anlegung von Reserveelementen zu betrachten. Man kann mit einem Auge sehen, mit einem Lungenflügel atmen, mit einer Niere leben, und man kommt auch nur mit einer Hirnhälfte aus. Das zweite Auge, der zweite Lungenflügel, die zweite Niere und die zweite Hirnhälfte sind Reserveelemente. Leider haben wir allerdings nur ein Herz, das, wie wir wissen, die Quelle eines sehr beträchtlichen Teils der Zuverlässigkeit des menschlichen Organismus ist. Es gibt ferner Beispiele, daß bei Ausfall eines bestimmten Elements die entsprechenden Funktionen von anderen Elementen übernommen werden, die, obwohl sie keine eigentlichen Reserveelemente sind, dennoch eine gewisse potentielle Reserve darstellen. Das ist zum Beispiel bei gewissen Hirnschäden der Fall. Funktionen, die in bestimmten Teilen der Hirnrinde lokalisiert werden können, werden bei Ausfall dieser Zonen von anderen Teilen übernommen, die dann einer potentiellen Reserve gleichkommen.[35])

Mit ganz besonderer Deutlichkeit zeigt sich dieses „Konstruktionsprinzip" in der Analyse und in der Lenkung ökonomischer Prozesse. Der Produktionsprozeß, der bekanntlich eine ganze Reihe von Stadien durchläuft — Rohstoff, Halbfabrikat verschiedener Grade der Fertigstellung, Fertigprodukt —, die in den verschiedenen Produktionsbetrieben realisiert werden, ist ein typisches Beispiel eines Systems in Reihe gekoppelter Elemente. Die einzelnen Elemente haben hier die Form von Produktionsbetrieben, und die Kopplung ist die Kooperation zwischen diesen Betrieben bzw. zwischen den Abteilungen in den Betrieben, die die Produkte entsprechend den einzelnen Herstellungsetappen beziehen und weitergeben. Ein System, das einem solchen Produktionsprozeß entspricht, läßt sich auch als Blockschaltbild darstellen (vgl. Abb. 57a). Jedes Element (Betrieb oder Betriebsabteilung)

[35]) Diese Tatsache wird häufig als Argument für verschiedene idealistische, biologische und philosophische Theorien verwendet. Die Tatsache zum Beispiel, daß ein halbiertes Seeigelei einen vollständigen Seeigel ergibt, führte Hans Driesch zu der Schlußfolgerung, daß die Entwicklung der Organismen von einer nichtmateriellen „Entelechie" geplant wird. (Vgl. dazu O. Lange, Ganzheit und Entwicklung in kybernetischer Sicht, Akademie-Verlag Berlin 1966, S. 74). Bergson schloß aus der Tatsache, daß bei Hirnschäden die in den beschädigten Zonen lokalisierbaren geistigen Funktionen weitergeführt werden, daß der Geist von der materiellen physiologischen Grundlage unabhängig sei. Vgl. dazu Henri Bergson, L'énergie spirituelle, Paris 1920, 5. Aufl., S. 55—58 und ders. Matière et mémoire, Paris 1914, 11. Aufl., S. 125—128. In Wirklichkeit erklären sich diese Erscheinungen daraus, daß gewisse Funktionen durch andere Systemelemente übernommen werden können, die eine potentielle Reserve darstellen. Das ist deshalb möglich, weil die Nervenstränge in einer großen Vielfachheit parallel laufen und gewöhnlich in einer weiten Verzweigung zu mehreren Teilen des Gehirns auslaufen. Vgl. dazu R. W. Sperry, Orderly Function with Disordered Structure, in Principles of Self-Organization, op. cit.

hat eine bestimmte Zuverlässigkeit, wodurch im Ergebnis die Zuverlässigkeit des Gesamtsystems recht klein wird, und zwar um so kleiner, je größer die Anzahl der in Reihe gekoppelten Elemente ist. Wenn nur ein einziges Glied ausfällt, so führt das zu Störungen im Gesamtprozeß. Die Wahrscheinlichkeit für das Auftreten solcher Störungen ist um so größer, je mehr es Glieder in der Kooperationskette gibt.

Die Zuverlässigkeit kann jedoch auf ein hinreichend hohes Niveau angehoben werden, wenn eine entsprechende Anzahl von Reserveelementen eingeführt wird. Als solche Reserveelemente können zum Beispiel Rohstoffvorräte fungieren, Vorräte an Austauschaggregaten, Reservekapazitäten an Maschinen, leistungsfähige Reparaturwerkstätten, Vorräte an Fertigprodukten usw. Diese Reserven lassen sich als alternativ parallel gekoppelte Reserveelemente interpretieren, die dann „in Tätigkeit treten", wenn das entsprechende aktive Element aussetzt, so daß der Produktionsprozeß störungsfrei ablaufen kann. Der Produktionsprozeß mit Reserveelementen entspricht dem kybernetischen Blockschaltbild in Abb. 60. Das hier veranschaulichte Prinzip hat große praktische und theortische Bedeutung für die Wirtschaftsplanung. Die Erfahrungen haben immer wieder gezeigt, daß die sogenannte „angespannte Planung", das heißt eine Planung mit hohem Produktionssoll, für das nicht die erforderlichen Reserven im Produktionsystem bereitstehen, mit hohen Ausfällen einhergeht. Die „Havarie" eines Elementes (zum Beispiel eines Betriebes) stört den gesamten Produktionsprozeß. Wir sagen dann, daß die Kooperationsbeziehungen unterbrochen werden. Betrieb *A* hört auf, seine Produkte an Betrieb *B* zu liefern, woraufhin Betrieb *B* seine Verpflichtungen gegenüber Betrieb *C* nicht mehr einhalten kann, so daß auch Betrieb *C* seine Lieferungen an Betrieb *D* einstellen muß usw. Die Schwierigkeiten, die mit dem Ausfall eines einzigen Gliedes in der Kopplungskette auftreten, lassen sich nicht auf ihren Ausgangspunkt einschränken, sondern sie pflanzen sich durch die ganze Kette fort, Will man solche Störungen auf das betreffende Glied einschränken, so müssen dort entsprechende Reserveelemente vorhanden sein, die es gestatten, trotz örtlicher Schwierigkeiten die Produktenlieferungen an den Folgebetrieb aufrechtzuerhalten (das heißt, den Kooperationsverpflichtungen nachzukommen).

Ein anderes wichtiges Beispiel dieses hier behandelten Konstruktionsprinzips ist die Beeinflussung der volkswirtschaftlichen Prozesse durch mittelbare (indirekte) Wirkungen. So verteuern sich zum Beispiel durch die Heraufsetzung der Rohstoffpreise bestimmte Produkte. Das löst eine ganze Kette von Wirkungen aus: Die Nachfrage nach diesen Produkten geht zurück, die Herstellung wird gesenkt, der Verbrauch der betreffenden Rohstoffe senkt sich, der Import kann verringert und Devisen können eingespart werden. Oder ein anderes Beispiel: Die Realisierung eines großen Investitionsprojekts – etwa die Errichtung eines Produktionsbetriebes in einem bestimmten Ort –, erhöht den Beschäftigtenstand der örtlichen Bevölkerung, vergrößert den Zufluß von Arbeitskräften aus den benachbarten Ortschaften, vergrößert die Geldeinkommen und -ausgaben der Bevölkerung, steigert den Bedarf an ganz bestimmten Waren, verändert schließlich den gesamten Lebensstil der Bevölkerung und bewirkt entsprechende kulturelle, psychologische, weltanschauliche und andere Veränderungen.

Die eben erwähnten Beispiele der Lenkung wirtschaftlicher und gesellschaftlicher Prozesse über eine Kette mittelbarer Wirkungen kann als Einführung eines Reglersystems interpretiert werden, das aus einer größeren Anzahl in Reihe gekoppelter Elemente besteht (bzw., was auf das gleiche hinausläuft, aus einer größeren Anzahl in Reihe gekoppelter Regler). Abb. 62 enthält das entsprechende Blockschaltbild.

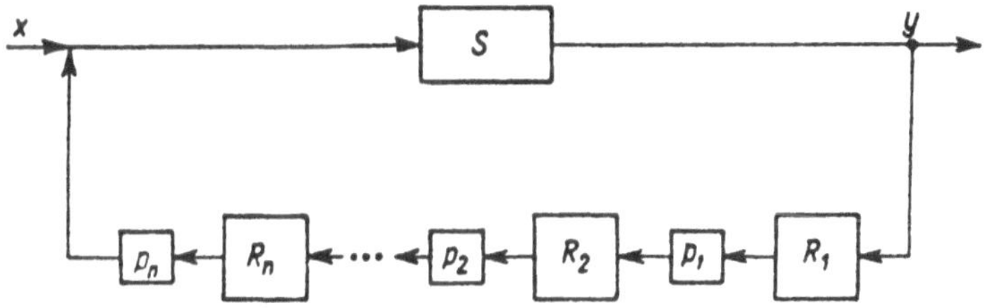

Abb. 62

Den ökonomischen Prozeß, den wir als Regelstrecke S auffassen, beeinflussen wir vermittels der in Reihe gekoppelten Regler $R_1, R_2, \ldots, R_n$. Jeder dieser Regler zeichnet sich durch eine bestimmte Zuverlässigkeit aus, die wir mit $p_1, p_2, \ldots, p_n$ bezeichnen. Die Gesamtwirkung der Regler besitzt also die Zuverlässigkeit $P = p_1 p_2 \ldots p_n$. Die Grundformel der Regelungstheorie nimmt für diesen Fall folgende Form an:

$$y = \frac{S}{1 - P S R_n \ldots R_2 R_1} x , \qquad (5.60)$$

wo S der Operator der Regelstrecke ist, $R_1, R_2, \ldots, R_n$ die Operatoren der einzelnen Regler sind und $P = p_1 p_2 \ldots p_n$ die Gesamtzuverlässigkeit der Regler ist. Der Mittelwert (die mathematische Erwartung) des Ausgangszustandes der „Reglerkette" beträgt, wie wir sehen, $P_s R_n \ldots R_2 R_1$. Dieser Wert ist für einen bestimmten Zeitabschnitt τ definiert. Wenn die Reglerkette lang ist, so besitzt sie eine geringe Gesamtzuverlässigkeit, wodurch sich auch für den mittleren Wert ihres Wirkens (Ausgangszustand) ein kleiner Betrag ergibt. Wir sagen dann, daß das Reglersystem „schwach wirkt", in einzelnen Fällen auch versagt und im definierten Zeitabschnitt τ ein geringes mittleres Ergebnis liefert. Das diesem Tatbestand entsprechende Blockschaltbild finden wir in Abb. 63. Als Ergebnis erhalten wir in Formel (5.60) eine Gesamtzuverlässigkeit der Regler, wie sie durch die Formeln (5.51) und (5.52) festgelegt ist (wenn wir uns der mittleren Zuverlässigkeit des Reglers bedienen). Das Niveau dieser Zuverlässigkeit läßt sich aber ziemlich nahe an den Wert eins heranführen, so daß das Reglersystem eine „starke Wirkung" ausübt und eine Situation herbeiführt, in der Ausfälle selten auftreten. Das mittlere Ergebnis der Wirkung des Reglersystems ist im definierten Zeitabschnitt τ nahe $S R_n \ldots R_2 R_1$. Dieses Ergebnis tritt aber nur dann ein, wenn alle Elemente des Reglersystems sicher wirken.

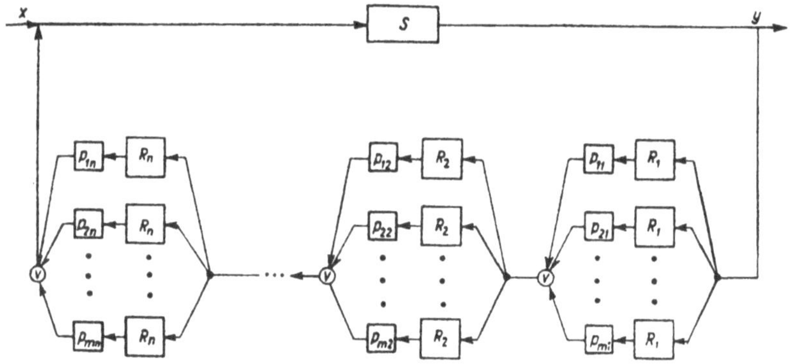

Abb. 63

In allen beiden hier besprochenen Fällen, also sowohl im Produktionsprozeß, der eine Kooperation verschiedener Betriebe bildet, als auch in der Lenkung eines volkswirtschaftlichen Prozesses, die eine Kette mittelbarer Wirkungen darstellt, läßt sich eine hohe Gesamtzuverlässigkeit erzielen, sobald eine entsprechende Anzahl von Reserveelementen eingeführt wird. Die Anlegung solcher Reserveelemente ist aber mit bestimmten Kosten verbunden. Ein Teil der Mittel wird dann der unmittelbaren Produktion entzogen, das heißt, er wird gebunden.

Das zeigt sich besonders deutlich im Falle des Produktionsprozesses, da in dieser Wirkungskette die Reserveelemente gewöhnlich den Charakter materieller Reserven haben, die zum gegebenen Zeitpunkt als zusätzlicher ökonomischer Hebel aktiviert werden. Bringt zum Beispiel die Erhöhung der Rohstoffpreise nicht den gewünschten Erfolg, so werden Prämien für die Einsparungen von Rohstoffen gezahlt, oder vermag eine verminderte Nachfrage nach einem bestimmten Produkt nicht seine Herstellung zu drosseln, so werden dem Betrieb Verluste ersetzt, die durch die Senkung der Produktion entstehen. Auf ähnliche Weise läßt sich die Wirtschaftstätigkeit in vielen anderen Fällen erleichtern, beispielsweise bei der Beschaffung von Futtermöglichkeiten in der Viehzucht usw. Alle diese Maßnahmen sind mit bestimmten Kosten für die Volkswirtschaft verbunden. Letztlich muß man also wieder auf die Rentabilitätsrechnung zurückgreifen, um die Kosten für zusätzliche Reserven mit den Havariekosten eines Systems vergleichen zu können, etwa mit den Verlusten, die der Volkswirtschaft aus Störungen des Produktionsprozesses bzw. durch die Nichterreichung eines volkswirtschaftlichen Zieles entstehen, das durch eine Kette mittelbarer Wirkungen realisiert werden sollte. Mit Hilfe solcher Berechnungen und ähnlicher Verfahren[36]) lassen sich die optimale Zuverlässigkeit, sei es nun für den Produktionsprozeß oder für eine Kette mittelbarer Wirkungen, und die erforderlichen Reserven für die Erzielung dieser Zuverlässigkeit berechnen.

Da es oft nicht möglich ist, die entsprechenden Reserven bereitzustellen und da ihre Bedeutung für den reibungslosen Ablauf der wirtschaftlichen Prozesse nicht immer verstanden wird (bei der sogenannten Konzeption der „angespannten Planung", des „Einsatzes aller Reserven" usw.), werden gewöhnlich andere Wege beschritten, um die Zuverlässigkeit zu erhöhen. Meistens handelt es sich dabei um Versuche, die „Ketten zu verkürzen", bzw. die Anzahl der in Reihe gekoppelten Elemente oder Einheiten größeren Umfangs zu verringern. Im Produktionsprozeß vollzieht sich das durch die sogenannte vertikale Konzentration der Produktionsprozesse, das heißt dadurch, daß eine größere Anzahl von Produktionsetappen in einer Produktionseinheit (Betrieb)

[36]) Es gibt eine entwickelte Theorie der Optimierung unter den Bedingungen der Unsicherheit, die sich mit der Berechnung der optimalen Zuverlässigkeit von Programmen aller Art beschäftigt. Eine Darlegung dieser Theorie enthält das Buch von O. Lange, Optymalne decyzje, Warszawa 1964, Abschn. VII, IX und XI.

zusammengefaßt werden. Als Folge dieser vertikalen Konzentration der Produktion verringert sich die Anzahl der Betriebe in der Kette, und die Kooperationskette zwischen den einzelnen Betrieben verkürzt sich. In dem Maße wie die Kooperationsschwierigkeiten durch organisatorische Momente bzw. durch die Koordination der Zusammenarbeit zwischen den einzelnen Betrieben bedingt sind — insbesondere, wenn diese Betriebe selbständige Wirtschaftseinheiten darstellen — kann die vertikale Konzentration tatsächlich die Zuverlässigkeit des Produktionsablaufes erhöhen. Wie die Erfahrungen lehren, führt sie in der Regel zu einer Verminderung der erforderlichen Reserven, weil die Anzahl der in Reihe gekoppelten Elemente kleiner geworden ist. Der Erhöhung der Zuverlässigkeit des Produktionsprozesses durch die vertikale Konzentration sind jedoch bestimmte Grenzen gesetzt. Gäbe es diese Grenzen nicht, so ließe sich die größte Zuverlässigkeit einfach dadurch erreichen, daß man alle Produktionsbetriebe eines Landes zu einem einzigen Betrieb zusammenfaßt. Das ist natürlich eine rein fiktive Operation, durch die sich die Unterschiede der technischen Stadien des Produktionsprozesses nicht beseitigen lassen, und natürlich noch viel weniger die Notwendigkeit, das in Bearbeitung befindliche Werkstück von einem Stadium zum anderen weiterleiten zu müssen. Außerdem würden dadurch nicht die Mißstände beseitigt, die sich aus dem Ausfall bestimmter Stadien ergeben, sei es nun infolge einer Havarie oder infolge anderer Faktoren. Mit anderen Worten, man würde nun vor dem Problem stehen, innerhalb dieses vereinheitlichten Betriebes die Kooperation zwischen den einzelnen Betriebsteilen zu lösen. Dabei würden natürlich wiederum organisatorische Probleme (und nicht allein produktionstechnischer Natur) entstehen. Eine Verkürzung der Kooperationskette ist also nur in bestimmten Grenzen realisierbar, so daß für einen ungestörten Ablauf des Produktionsprozesses immer Reserven benötigt werden.

Auf dem Gebiet der Lenkung volkswirtschaftlicher Prozesse hat die Tendenz zur „Verkürzung der Ketten" gewöhnlich zwei Erscheinungsformen. Einmal geht es darum, die ökonomische Beeinflussung, die hauptsächlich aus der Anwendung ökonomischer Reize und der Schaffung günstiger Umstände für die Entfaltung einer bestimmten Initiative bestehen, durch administrative Einflußnahmen zu ersetzen, etwa durch Anordnungen, Durchführungsbestimmungen, Strafen, Vorschriften, Bewirtschaftung, Festlegung der Produktionssortimente usw. Dabei wird das Ziel verfolgt, eine anfällige Kette mittelbarer Wirkungen durch Methoden zu ersetzen, die weit direkter und sicherer wirken. Die zweite Form ist die erhöhte Zentralisierung aller Entscheidungen, die Verlagerung der Entscheidungsbefugnis aus den unteren in die oberen Organe der Wirtschaftsleitung. Auch hier geht es natürlich um die Erzielung einer direkteren und sichereren Wirkung. Es ist kein Zufall, daß die „Verkürzung der Ketten" in der Lenkung wirtschaftlicher Prozesse gewöhnlich in Perioden der „angespannten Planung" praktiziert wird also dann, wenn nur sehr beschränkte Reserven für die Sicherung der Planerfüllung bereitgestellt werden können. Das sind zum Beispiel Perioden der forcierten Industrialisierung in den sozialistischen Ländern, wenn aus gesellschaftlichen und politischen Erwägungen heraus das Erbe der Vergangenheit, nämlich die wirtschaftliche und gesellschaftliche Rückständigkeit möglichst schnell überwunden werden soll. In den kapitalistischen Ländern tritt eine solche „Verkürzung der Ketten" in Kriegszeiten auf, wenn sich ein ganzes Land auf Kriegswirtschaft umstellt.

Diese in der Leitung der Volkswirtschaft praktizierten Methoden der „Verkürzung der Ketten" können natürlich in gewissen Grenzen die Zuverlässigkeit der ökonomischen Prozesse erhöhen und den Bedarf an Reserven vermindern. In der Regel führen sie jedoch, insbesondere wenn sie langanhaltend durchgeführt werden, zu Wirkungen, die letztlich die Zuverlässigkeit der ökonomischen Prozesse verringern. Bekanntlich verlieren administrative Verfahren an Wirksamkeit, wenn sie nicht durch entsprechende Anreize (also ökonomische Mittel) verstärkt werden. Außerdem sind sie kein adäquater Ersatz für die Initiative, die nun einmal erforderlich ist, um den ökonomischen Prozessen eine gewisse Elastizität zu verleihen. Letzten Endes erreicht man also nicht die erwünschten Ergebnisse, und es kommt immer zum „Kampf um die Plandisziplin", um die Einhaltung der verschiedenen Verordnungen, zu einem Kampf, der oft mit recht unterschiedlichen Ergebnissen endet.

Eine starke Zentralisierung der Entscheidungsbefugnis bringt Probleme eigener Art mit sich, die ein wichtiger Gegenstand der kybernetischen Analyse sind. In der Regel verlängert diese Zentralisierung den Informationsweg vom „eigentlichen Kampfgelände" bis zur entscheidungsberechtigten Instanz. Auf diesem langen Wege unterliegen die Informationen gewissen Entstellungen (Verlust an Konkretheit, Auftreten von Ungenauigkeiten). Nur allzu deutlich meldet sich das Gesetz der abfallenden Zuverlässigkeit langer Reihenkopplungen. Die Entscheidung selbst hat aber einen ebenso langen Rückweg — von der obersten Instanz bis zum Ausführungsort —, auf dem sie ebenfalls Entstellungen erleiden kann. Außerdem verfügt die zentrale Behörde nur über eine bestimmte Kapazität, die eingehenden Informationen in Entscheidungen umzuformen (und zwar Kapazität in der Zeiteinheit). Ein bestimmter Teil der eingehenden Informationen bleibt liegen, bevor er sich in Entscheidungen umwandelt, so daß es zu Verspätungen kommt. Hinzu kommt, daß infolge der verlängerten Kette „Abgabeort — Zentrale“ und „Zentrale — Ausführungsort“ eine erhebliche Zeit zwischen der Abgabe der Information und dem Eingang der entsprechenden, darauf aufbauenden Entscheidung verstreicht. Das führt dazu, daß Entscheidungen mitunter derart spät eintreffen, daß sie gegenstandslos geworden sind, insbesondere dann, wenn eine entstandene Situation nicht mehr rückgängig gemacht werden kann. In solchen Fällen nimmt der Verlauf der ökonomischen Prozesse einen spontanen Charakter an. Die Zentralisierung der Entscheidungsbefugnis führt hier nicht mehr zur Beherrschung des Prozesses, sondern im Gegenteil, sie fördert noch den spontanen Ablauf der Dinge.[37])

Im Endergebnis zeigt sich, daß auch dieser Methode der Leitung der Volkswirtschaft enge Grenzen gesetzt sind, wenn nicht die erforderlichen Reserveelemente eingeführt werden.

Die in diesem Buch behandelten Probleme haben uns gezeigt, wie wichtig die Kybernetik für die Sicherung einer zuverlässigen Organisation der wirtschaftlichen Prozesse und für die effektive und zuverlässige Regulierung des Verlaufs dieser Prozesse ist. Die angeführten Beispiele haben uns die Bedeutung der allgemeinen Theorie der Zuverlässigkeit der Wirkung von Systemen vor Augen geführt und uns auf andere Probleme — so zum Beispiel auf den Lauf der Informationen und die Kapazität der entscheidungsbefugten Organe — hingewiesen, die hier nicht weiter besprochen werden konnten. Die Kybernetik ist ein unerläßliches Instrument in der Leitung und Planung der Volkswirtschaft. Eine besondere Rolle spielt sie unter den Bedingungen der sozialistischen Wirtschaft. In der kapitalistischen Wirtschaft vollzieht sich die Organisation der wirtschaftlichen Prozesse spontan, in erster Linie wegen der

[37]) Vgl. dazu O. Lange, Rola planowania w gospodarce socialistycznej, in O. Lange, Pisma Ekonomiczne i Społeczne, Warszawa 1962, S. 137ff. und O. Lange, Niektóre zagadnienia centralizacji i decentralizacji w zarządzaniu, in „Materiały Prakseologiczne“, 1/1962 (abgedruckt in dem Sammelband Materiały do studiowania ekonomii politycznej socjalizmu, Warszawa 1964).

herrschenden Eigentumsverhältnisse, so daß sich die kapitalistische Wirtschaft nicht ohne weiteres auf eine rationelle Grundlage stellen läßt. Die Wirtschaft ist im Kapitalismus keinem allgemeingesellschaftlichen Ziel untergeordnet, und sie verfügt auch nicht über die Mittel, die Tätigkeit der großen Privatunternehmen mit einem solchen Ziel in Einklang zu bringen. In der sozialistischen Wirtschaft hat die Kybernetik hingegen große Möglichkeiten, das grundlegende wissenschaftliche Instrument in der Leitung der Entwicklung und des Verlaufs der volkswirtschaftlichen Prozesse zu sein.

Die Kybernetik ist im Sozialismus in zweifacher Hinsicht von großer Bedeutung. Sie bildet einen Apparat der exakten Analyse und exakter Berechnungen, der für eine effektive, präzise und zuverlässige Regulierung der wirtschaftlichen Prozesse sorgt. Die Kybernetik ist aber nicht allein ein Apparat der exakten Analyse und der exakten Berechnungen, sondern sie erzeugt auch eine angemessene Denkweise — wir wollen sie als *kybernetische Denkweise* bezeichnen —, die zur Beschäftigung mit verschiedenen Problemen und zu ihrer Lösung anregt. Dieses allgemeine kybernetische Denken gewinnt seine Bedeutung nicht erst aus den Ergebnissen der konkreten Analysen und Berechnungen, wie dies bei mathematischen und statistischen Überlegungen der Fall ist. Derjenige, der es gelernt hat, Erscheinungen kybernetisch zu durchdringen, ist auch ohne spezielle Analysen und Berechnungen imstande, ein Problem zu überschauen, die entscheidenden Elemente einer bestimmten Situation auszusondern, sie zu kombinieren und praktisch sinnvolle Lösungsrichtungen aufzuzeigen, die andere nicht sehen können. Die Kunst des kybernetischen Denkens bereichert und vertieft unser Einfühlungsvermögen in wissenschaftlich-ökonomische Untersuchungen und in die praktische Leitung volkswirtschaftlicher Prozesse. Das ist ein Ergebnis, dessen Bedeutung man nicht überschätzen kann.

Sachregister

(Es sind nur die Seiten angegeben, auf denen das betreffende Stichwort definiert oder erläutert wird)

Namensregister

Verzeichnis der zitierten Quellen

Allen R. G. D., Mathematical Economics, London–New York 1957, zweite Auflage London 1960; polnisch: Ekonomia matematyczna, PWN, Warszawa 1961.

Ashby W. Ross, An Introduction to Cybernetics, London 1956; polnisch: Wstęp do cybernetyki, PWN, Warszawa 1963.

Banasiński A., Ubezpieczenia w Polsce Ludowej w liczbach, PWE, Warszawa 1959.

Beer S., Cybernetics and Management, London 1959.

Bellman R., Cooke K. C., Differential-Difference Equations, New York–London 1961.

Bergson H., Matière et mémoire, Paris 1914, 11. Aufl.; deutsch: Materie und Gedächtnis, Diederichs Jena 1919.

Bergson H., L'énergie spirituelle, Paris 1920, 5. Aufl.; deutsch: Die seelische Energie, Diederichs Jena 1928.

Bernštejn S. N., Teorija verojatnostej, Moskva–Leningrad 1934, 3. Aufl.

Bush R. R., Mosteller F., A Mathematical Model for Simple Learning, in „Psychological Review" 1951.

Clark J. M., The Economics of Planning Public Works, Washington 1935.

Chiksy M. H., Feedback and Stability, in dem Sammelband Principles of Self-Organization, Oxford–London 1962.

Chorafas D. N., Statistical Processes and Reliability Engineering, Princeton N. J.: van Nostrand 1960; polnisch: Procesy statystyczne i niezawodność urządzeń, Warszawa 1963.

Cowan J., Many Valued Logics and Reliable Automata, in dem Sammelband Principles of Self-Organization, Oxford–London 1962.

Culloch W. C., The Reliability of Biological Systems, in dem Sammelband Self-Organizing Systems, Oxford–London 1960.

Ellis D. O., Ludwig F. J., Systems Philosophy, Englewood Cliffs 1962.

Frisch R., Holme H., The Characteristic Solutions of a Mixed Difference and Differential Equation, in „Econometrica" 1935.

Gluškov, V. M., Sintez cifrovych avtomatov, Moskva 1962.

Gluškov V. M., Vvedenie v kibernetiku, Kiev 1964.

Gnedenko B. V., Kurs teorii verojatnostej, Moskva–Leningrad 1950.

Goldberg S., Introduction to Difference Equations, New York–London 1958.

Greniewski G., Cybernetika sposobem niematematycznym wylozona, PWN, Warszawa 1959.

Greniewski H., Zasady logiki indukcji, PWN, Warszawa 1955.

Hughes W. D., Roots of the Transcendental Equation Associated with a Certain Difference-Differential Equation, in „Journal of the London Mathematical Society" 1950.

Ivachnenko A. G., Techničeskaja kibernetika, Kiev 1962; polnisch: Cybernetika techniczna, PWT, Warszawa 1964; deutsch: Technische Kybernetik, Verlag Die Technik Berlin 1964.

Kahn R. F., The Relation of Home Investment to Unemployment, in „The Economic Journal" 1931.

Kalecki M., A Macrodynamic Theory of Business Cycles, in „Econometrica" 1935.

Kalecki M., Prace z teorii koniunktury 1933–1939, PWN, Warszawa 1962.

Kalecki M., Próba teorii koniunktury, Warszawa 1933.

Kalecki M., Theory of Economic Dynamics, London 1954; polnisch: Teoria dynamiki gospodarczej, PWN, Warszawa 1958.

Kibernetiku na službu kommunizmu, unter der Red. von A. I. Berga, Moskva–Leningrad 1961.

La Cybernétique et le contrôle des systêmes économiques, Cahiers de l'Institut des Sciences Economiques Appliqués, Série N, No 2, Paris 1958.

Lange O., Całość i rozwój w świetle cybernetyki, PWN, Warszawa 1962; deutsch: Ganzheit und Entwicklung in kybernetischer Sicht, Akademie-Verlag Berlin 1966.

Lange O., Niektóre zagadnienia centralizacji i decentralizacji w zarządzaniu, in „Materiały Prakseologiczne", 1/1962 (abgedruckt in dem Sammelband Materiały do studiowania ekonomii politycznej socjalizmu, K. und W. Warszawa 1964).

Lange O., Optymalne decyzje. Zasady programowania, PWN, Warszawa 1964.

Lange O., Pisma ekonomiczne i społeczne (1930–1960) PWN, Warszawa 1961.

Lange O., Społeczny proces produkcji i reprodukcji, in „Ekonomista" 1/1962.

Lange O., Teoria reprodukcji i akumulacji, PWN, Warszawa 1961, 1965, 2. Aufl.

Lange O., Teorija statystyki, Teil I, PWG, Warszawa 1952.

Lange O., Teoria statystyki, Teil II, PWN, Warszawa 1952 (Manuskript).

Lange O., Wstęp do ekonometrii, PWN, Warszawa 1962 2. Aufl.; englisch: Introduction to Econometrics, London 1959.

Levin B. R., Teorija slučajnych processov i ee primenenie v radiotechnike, Moskva 1960.

Marx K., Kapital, Bd. I, Dietz Verlag Berlin 1951.

Maxwell J. C., On Governors, Proceedings of the Royal Society of London, 1868.

Moore E. F., Shannon C. E., Reliable Circuits Using Less Reliable Relays, in „Journal of the Franklin Institute" 1956; russisch: in dem Sammelband Kibernetičeskij sbornik, Moskva 1960.

Moorhouse N. F., Strolz R. W., Horwitz S. J., An Electro-Analogue Method for Investigating Problems in Economic Dynamics, in „Econometrica" 1950.

Neumann J. von, Collected Works, Oxford–London 1963.

Neumann J. von, The Computer and the Brain, New Haven 1958; deutsch: Die Rechenmaschine und das Gehirn, Oldenbourg Verlag München 1960.

Nemčinov V. S., Ekonomiko-matematičeskie metody i modeli, Moskva 1962; deutsch: Ökonomisch-Mathematische Methoden und Modelle, Verlag Die Wirtschaft, Berlin 1965.

Operations Research and Systems Engineering, unter der Red. von Flagle C. D., Huggin W. H., Roy R. H., Baltimore 1960.

Phillips A. W., Stabilization Policy in a Closed Economy, in „Economic Journal", London 1954.

Phillips A. W., Stabilization Policy and the Time Form of Lagged Responses in „Economic Journal", London 1954.

Renyi, A., Wahrscheinlichkeitsrechnung, Berlin 1962.

Reza F., A Note on Reliability Functions, Proceedings of the Second International Congress of Cybernetics, Namur 1960.

Simon G. A., An Application of Servomechanism Theory to Production Control, in „Econometrica" 1952.

Sluckin W., Minds and Machines, Penguin Books, London 1954; polnisch: Mózg i maszyny, Wiedza Powszechna, Warszawa 1957.

Smith, O. J., Erdley J. M., An Elcetronic Analoguo for an Economic System, in „Electrical Engineering" 1951; russisch: Processy regulirovanija v modeljach ekonomičeskich sistem, Moskva 1964.

Steindl J., Servo-Mechanisms and Controllers in Economic Theory and Policy, in dem Sammelband On Political Economy and Econometrics. Essays in Honour of Oskar Lange, PWN, Warszawa 1964.

Szulc S., Metody statystyczne, Warszawa 1961, 2. Aufl.

Teoria regulacji automatycznej, PWNT, Warszawa 1962.

Tustin A., The Mechanism of Economic Systems, London 1953.

Volkswirtschaftliche Regelungsvorgänge im Vergleich zu Regelungsvorgängen der Technik, München 1957; russisch: Processy regulirovanija v modeljach ekonomičeskich sistem, Moskva 1961.

Vulich B. Z., Vvedenie f funkcional'nyj analiz, Moskva 1958; deutsch: Einführung in die Funktionsanalysis, Teubner Verlag Leipzig 1961.

Wegrzyn S., Podstawy automatyki, PWN, Warszawa 1963.

Weryha A., Statystyka teoretyczna, Bd. I, Warszawa 1954.

Wiener N., Cybernetics or Control and Communication in the Animal and the Machine, Paris–New York 1948; deutsch: Kybernetik. Regelung und Nachrichtenübertragung in Lebewesen und in der Maschine, Econ Verlag Düsseldorf–Wien 1963.

Wiener N., Extrapolation, Interpolation and Smoothing of Statistical Time Series, New York 1949.

Wünsch G., Podstawy automatyki, PWT, Warszawa 1960.

Optimale Entscheidungen

Grundriß der Optimierungsrechnung

Von Prof. Dr. OSKAR LANGE

(Übersetzung aus dem Polnischen)

In deutscher Sprache herausgegeben von Dr. KLAUS ZEITZ

Vorbereitet auf der Grundlage von Vorlesungen an der Warschauer Universität unter der Mitarbeit von Anton Banasinski

1968. Etwa 292 Seiten – 25 Abbildungen – 8° – Leinen etwa 15,– M

Lange behandelt die Optimierung nicht nur unter den Bedingungen der Gewißheit. Der Optimierung unter Ungewißheit ist fast die Hälfte des Buches gewidmet. Im Gegensatz zur allgemeinen Theorie der linearen Optimierung ist das Problem der Optimierung unter Ungewißheit in der Literatur bisher wesentlich weniger beachtet worden. Dabei besitzt es eine große praktische Bedeutung, insbesondere für die Planung im Sozialismus. Lange war deshalb bemüht, die wichtigsten auf diesem Gebiet bereitstehenden Methoden darzustellen. Lange ist es gelungen, den Nutzen dieser fortgeschrittenen Verfahren der Optimierung für die sozialistische Planung klarzulegen.
Besonders lehrreich ist der Einsatz mathematisch-statistischer Verfahren bei der Optimierung der Investitionen an Hand praktischer Beispiele aus der internationalen Literatur, sowie die Diskussion volkswirtschaftlicher Kriterien der Optimierung bei einer Vielfalt von Zielen.

Bestellungen durch eine Buchhandlung erbeten

AKADEMIE-VERLAG · BERLIN

OSKAR LANGE

Politische Ökonomie

Band I

Allgemeine Probleme

Herausgegeben von Peter Hess und Harry Maier

Übersetzung aus dem Polnischen

Lizenzausgabe des PWN — Polnischer Verlag der Wissenschaften, Warszawa

1969. 394 Seiten — 3 Abbildungen — 8° — Ganzleinen 19,50 M

Die Methode der politischen Ökonomie, der Charakter und die Wirkungsweise ökonomischer Gesetze, das Rationalitätsprinzip der Wirtschaft, die Hilfswissenschaften der politischen Ökonomie wie lineare Programmierung, Operation Research, Input-output-Analyse, Marginalrechnung u. a. werden in dieser im besten Sinne modernen politischen Ökonomie Oskar Langes ausführlich dargestellt und auch in ihrer Problematik diskutiert.
Das 7. Kapitel, das der Kritik der bürgerlichen politischen Ökonomie gewidmet ist, gibt gleichzeitig einen außerordentlich interessanten historischen Überblick und zeigt die Ursachen für das Entstehen solcher Hilfswissenschaften wie der Ökonometrie, der ökonomischen Kybernetik, der Praxeologie u. a.

Bestellungen durch eine Buchhandlung erbeten

AKADEMIE-VERLAG · BERLIN

FSC
www.fsc.org
MIX
Papier | Fördert gute Waldnutzung
FSC® C083411

Kolibri 360 GmbH
Ferdinand-Jühlke-Straße 7
99095 Erfurt, Deutschland
produktsicherheit@kolibri360.de